大展好書 好書大展

大展好書 好書大展

水美肌健康法

井戶勝富／著
曾雪玫／譯

61
健康天地

前　言——「美肌」是由「電解水」創造出來的

「最近想成爲真正的自然肌膚美人。」

「雖然使用自然化妝品，卻沒有變得更美麗。」

「因為減肥而變得不健康。」

「水真的具有美容效果嗎？」

如果你有這些疑問的話，請閱讀本書就對了。

那麼，「美肌」指的又是什麼呢？

什麼樣的肌膚狀況才稱得上是美肌呢？

首先，就是細緻肌膚紋理。滋潤、富於彈性。肌膚的顏色和光澤非常重要，是不容忽視的重點。

的確，最近的年輕女性看起來肌膚的紋理細緻，富於彈性，臉部也煥發光彩。

但是，他們也有肌膚乾燥與化妝斑疹的煩惱。往往要花費很多錢在肌膚的護理上。

大部分的女性，還是希望擁有「自然的美肌」。

自然的美肌，就是皮膚表面充滿光澤。事實上，只要體內美麗，自然皮膚表面也會變得美麗。將購買昂貴化妝品的費用拿來聽音樂會或出國旅行，當成自我的教養，具有一石二鳥的作用。

在本書中我所推薦的恢復「美肌」的方法十分簡單。就是利用大衆都能製造的「電解水」，可以喝，可以用來洗臉、泡澡，這麼做就足夠了。「電解水」是經由靜電廠處理的水（詳細作法本文將有說明）。在日本全國擁有二十萬名會員，已經活用了二十幾年，藉此而恢復「健康」與「美肌」的例子不勝枚舉。

在本書中，具體地為各位介紹「成功減肥」、「克服異位性皮膚炎」、「拾回美肌、美顏」、「一週內去除斑點」等例子。閱讀之後，各位就可以了解到電解水之所以對美肌、美顏有效的原因了。

了解之後，你也可以實踐，保證你會發現「自己一天天地變得更美麗了」。

女性的肌膚與老化無緣，斑點或皺紋的形成有其他的理由存在。本書為各位說明其理由，同時也詳細說明如何才能維持及恢復「美肌」。

「已經上了年紀，恐怕無法補救」、「已經形成斑點的肌膚無法復原」，如果你因此而放棄，那麼你一定要在放棄之前閱讀本書，並且實踐「電解水美肌法」。

在資訊化時代的現代，關於「美肌」的情報到處充斥。而這些情報氾濫，使各位不了解如何做才是正確的美容法。本書所建議的美肌法，「不僅能夠消除斑點與皺紋，同時也可以從身體的內部創造健康美」。

有健康才有美肌。為了追求美肌而損及健康，這是本末倒置的作法，無法得到真正的美肌。因此，女性的美肌是寓於健全的身體與健全的精神。

希望有更多的人能夠進行「電解水美肌法」，過著「美與健康」平衡的生活。

目錄

前言——「美肌」是由「電解水」創造出來的……三

第一章　慎防美肌小偸

首先檢查生活形態……一四
妳的肌膚被最惡劣的環境所包圍……一八
電解水能夠產生這些變化……二〇
電解水與自來水的差異……二一
「肌膚不會老化」是真的嗎？……二三
妳可以變得更漂亮……二七
美肌的重點在於「健康水」……二九

皺紋是因水分不足而形成的……三三
創造沒有斑點、雀斑的肌膚……三六
腫皰對策在於「對健康好的水」……三九

第二章 創造美肌的就是水

「滋潤美肌」的構造……四四
了解肌膚的構造……四五
以形態別進行正確的護肌……四七
敏感肌需要注意簡單的肌膚護理……五一
女演員和模特兒也實踐的「美肌、美顏的關鍵」……五三
洗臉的「水質」是問題所在……五七
萬全做好美肌大敵「紫外線」的對策……五九
日曬的可怕——曬傷的高明護理法……六三
化妝品有界限……六六

「化妝休假日」對肌膚而言是綠洲……六八

第三章　妳喝的到底是什麽水

更為危險的自來水……七二
選擇水的時代來臨了……七四
水具有各種不同的種類……七七
美味而能夠創造美肌之水的條件……七九
滿足一切條件的「電解水」……八三
電解不足會造成「氧化」……八八
電解水撕下的假面具……九二
創造美肌、破壞美肌的水……九七

第四章　利用電解水創造美肌

電解水的效用……一〇〇

●實證體驗報告……一〇二
①「不再長腫皰」……一〇二
②「去除便秘，肌膚變得光滑」……一〇三
③「短期間內治癒了異位性疾病」……一〇四
④「治療曬傷的電解水」……一〇五
⑤「電解水是最好的化妝水」……一〇五
⑥「電解水的潤絲效果極佳」……一〇六
⑦「噴灑電解水容易化妝」……一〇七
⑧「恢復視力、眼睛清晳」……一〇七
⑨「體重減少十公斤」……一〇八
⑩「二個月內減輕八公斤！腰痛、肩膀酸痛痊癒」……一〇九

第五章　從身體內得到淨化

在美容上展現大成果的電解水……一一二

能夠治癒疾病……一一三
展現美肌的飲食……一一五
食物的素材要選擇真正的好東西……一一八
利用電解水改善美肌的大敵「便秘」……一二一
過敏是警告訊號……一二三
「互捏手背」的異位性皮膚炎……一二六
利用電解水蒸氣改善異位性皮膚炎……一二八
洗淨陰道與腸的美肌效果……一三三
電解澡能夠創造美肌……一三六
發胖是否會造成損失呢?……一三九
致命的減肥……一四一
不吃也無法減肥的理由……一四二
電解水具有減肥效果……一四三
理想的電解水美容法……一四七

後記　「二十一世紀是女性的時代」
——利用電解水得到健美的生活！……一五四

第一章

慎防美肌小偷

首先檢查生活形態

在改造「美肌」之前，首先要客觀地檢查一下妳的生活毛病，也就是生活形態。

亦即會成為美肌或引起肌膚粗糙，則生活形態會造成極大的影響。要坦率地自我回顧，恢復正確的生活形態，才是創造美肌的第一條件。

請檢查以下的二十個項目：

□認為昂貴的化妝品對肌膚很好。

□使用各種廠牌的化妝品。

□認為「只要肌膚表面美麗即可」。

□認為「肌膚的轉捩點從二十五歲開始」。

□夏天時希望自己成為「日曬美人」。

□在意汗、皮脂的問題，會用美顏刷拚命地刷臉。

□幾乎不吃早餐。
□不愛吃多種食物，而吃很多喜歡吃的食物。
□喜歡吃肉、油炸食品、炸雞。
□用餐時間不定，依當日的心情來決定。
□不愛吃蔬菜。
□經常因暴飲暴食而服藥。
□夜裡任意熬夜。
□經常睏倦，有慢性睡眠不足的現象。
□不愛泡澡，喜歡淋浴。
□連續假日時瘋狂地玩樂。
□工作較多壓力。
□一日抽煙五根以上。
□遇到可以穿泳裝的日子，就想快速減肥。
□利用束腹等包住身體以顯示苗條的曲線。

在每天的生活當中，符合的項目有幾個呢？

如果回答為「一半以上」的人，那就要注意了。要重新評估自己的生活形態。如果這些項目中「YES」的答案越多，就表示過著脫離美肌的生活越遠。

「熬夜的確對美肌不好，但是利用束腹為何也會對美肌不利呢？」有些人會產生這種疑問。

但是，我要說明的是，過度綳緊肌膚的束腹，會造成血液循環障礙，阻礙老舊廢物與水分的排泄，使營養無法送達肌膚，造成肌膚乾燥，同時也是浮腫的原因。

「早上起來時臉部浮腫。」這是很多女性的經驗。請妳們捫心自問，妳是否犯了上述的毛病。

其他項目也是相同的情形，將會為各位依序說明。像「創造日曬美人的紫外線」、「錯誤的洗臉法」、「快速地減肥」、「飲食不規則」、「睡眠不足」、「抽煙過度」、「壓力」等，都是奪去上天賦予女姓「美肌」的原因。

必須慎防這些美肌小偷的出現。

YES...
NO...

妳的肌膚被最惡劣的環境所包圍

美肌小偷不斷地增加，而圍繞現代美肌的環境也是極待考慮的因素之一。例如隨便想想，就能發現以下的原因，這些都是創造最惡劣肌膚的環境。

①食物

創造美肌的要素中最重要的就是食物。但是女性身邊的食物，往往都充斥著農藥或食品添加物。根據統計，平均一個人在一年內攝取四公斤的食品添加物，的確令人咋舌。

以前，背部彎曲的幼鰤一度曾為話題。由於養殖的飼料和環境不良而產生大量的畸形魚。藉由報章雜誌與電視媒體的報導之後，幼鰤也從壽司店銷聲匿跡。事實上，食用這些東西也不可能得到美肌。

不僅是魚或蔬菜，主食的飯亦然，飯的美味，關鍵在於洗米和煮飯時的水。如果使用自來水，則因為含有消毒的氯，所以不可能煮出美味的飯來。於是，大家爭相使用淨水器。

這些受到污染的食物或飲料進入體內之後，當然無法保持美肌。

②空氣

因異位性皮膚炎而苦惱的女性很多。而報紙的記載則說「原因來自引擎排放出的廢氣」。空氣污染附著在杉木花粉上，進入人體內引起過敏。而令人痛苦的氣喘，原因也在於污濁的空氣。

③壓力

最近職業婦女日益增多。在企業或自治團體，甚至已經達到女性力量無所不能的階段。而女性主管也不斷地增加。

現代是壓力社會。能夠平等地進入社會工作，與以前相比，女性的壓力變得更為沈重。一旦焦躁時，男性會掉髮，女性也會因為壓力而導致體調崩潰，喪失美肌。

稍微考慮到這些生活環境，就知道要創造及維持美肌十分的困難。而現在也可以說是應該認真考慮如何保護美肌的時期了。

電解水能夠產生這些變化

本書所推薦的電解水美容法，在日常生活中加以活用之後會產生何種變化呢？根據全國二十萬人的資料顯示，會出現以下顯著的變化：

①肌膚變得細膩光滑。

②新陳代謝良好，全身體調轉好。

③抵抗力增強，不易感冒。

④胃腸狀況良好，消除便秘排便順暢。

⑤糖尿病、肝病、高血壓等難治的慢性疾病，症狀得到改善或痊癒。

⑥氣喘或異位性皮膚炎等過敏疾病減輕或痊癒。

⑦去除生理痛或生理不順。此外，也有再度出現生理的例子。

⑧孕婦的懷孕經過情形良好，能夠生下健康寶寶。同時，母乳的分泌順暢。

⑨改善手腳冰冷症與貧血等。
⑩即使大量飲酒也不會宿醉或惡醉。
⑪治好頑固的香港腳。
⑫減輕更年期障礙。

聽到這些全國體驗者的心聲，就知道開始飲用電解水之後，在一週或一個月內，體調出現變化，去除便秘，肌膚充滿光澤，產生了食慾，能夠實際感受到自己的肌膚變美了。

這個電解水不像礦泉水或一般淨水器一樣，使難喝的自來水變得美味而已，每天活用，能夠塑造美肌，而主要的目的是改善體質。

不過，有些人會以為電解水是化妝品、健康食品或藥物，但是，光喝一杯是無法創造美肌的，必須活用於每天的生活中，漸漸地就能夠改善體質了。

電解水與自來水的差異

電解水是將普通的水（自來水）附加陰離子，取得正負平衡，成為分子束（水分子呈葡

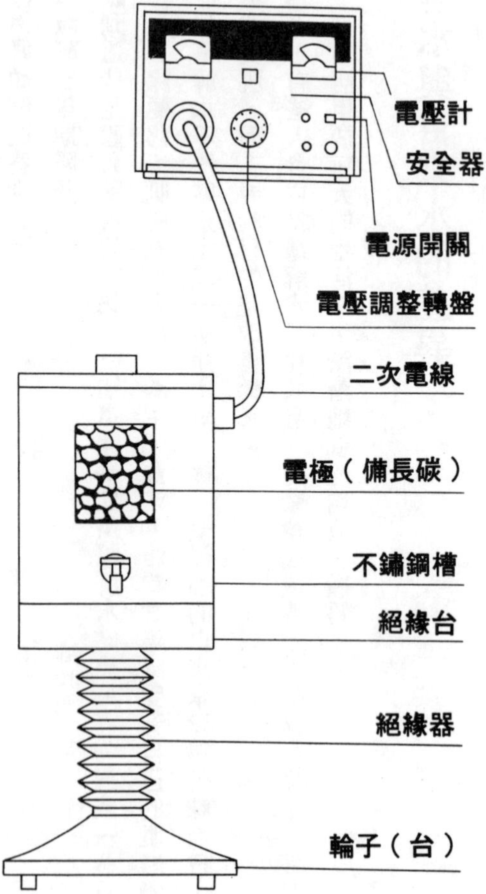
電壓計
安全器
電源開關
電壓調整轉盤
二次電線
電極（備長碳）
不鏽鋼槽
絕緣台
絕緣器
輪子（台）

電解水製造裝置的基本

萄串聚集的狀態）的較小的水。長壽村溶化的雪水，就是接近這種狀態，滲透力、洗淨極高，能夠滲透到肌膚細胞的各個角落，送入營養素，運出老廢物，使每個細胞都復甦。

看插圖就能夠了解製造電解水的方法。在不鏽鋼槽中，加入八～九成的自來水，再加入電源，然後在槽中有不鏽鋼製的電極，其中保持如插圖般的狀態，放入備長碳，再配合轉盤設定四小時以上，就能夠擁有「美味、健康的電解水」。

此外，尚有家庭用的方便袖珍型電解水生成器「純淨機」。

給予靜電壓時，水分子處於興奮狀態（勵起振動現象），使得原本與其他的水分子相連的狀態被擊散。亦即水分子形成小的水分子束，而原本被關在大分子束的氯，就會被釋放到空氣中，如此就能夠喝到美味健康的水了。而消耗電力為五瓦左右，非常省電。

「肌膚不會老化」是真的嗎？

「提及肌膚，令人想起嬰兒柔嫩光滑的肌膚，並不是指已經完成的皮膚。肌膚進入安定期應該是從二十五歲到四十歲左右」。這是皮膚黑色素研究的世界權威戶田淨（醫學博士）

多功能型家庭用
電解水製造裝置

小型家庭用電解水生成
器純淨21

先生所提出的主張，這對本書的讀者而言，乃是可喜的情報。

的確，從二十幾歲到四十幾歲，肌膚真皮的膠原蛋白略微泛黑，不是純白的，而且也會出現斑點與皺紋，這個狀態是人類肌膚完成的狀態。

過了這個年代之後，包括真皮在內，皮膚原本具有的適應環境機能漸降，而最重要的變化，就是保持水分能力的下降，因此，創造出泛黑、有斑點的肌膚，以及乾燥肌和缺乏彈力的肌膚。

男性步入中年之後會發胖，腹部突出，頭髮稀疏，有的人還會泛起油光。而女姓的肌膚也會出現斑點與皺紋，白髮、皮膚鬆弛，也就是隨著年齡的增長，會不斷地老化。

儘管如此，仍有很多女性能夠一直保持青春的美肌、秀髮，及傲人的體型。

當然，個人的資質不同，努力的情形也不同，但是卻能夠改變結果，因此，就算資質上有若干的個別差異，但是所有的女性都能夠變得更美麗。

只要實踐「電解水美容法」，就可以使很多女性重拾美肌，而生氣蓬勃。看到這些人時，我確信「女性絕對可以更爲美麗」。

像電視廣告中「二十五歲是肌膚的轉捩點」這句話成為名言。不過，以醫學的觀點來看，三十幾歲到四十幾歲的女性肌膚不見得會老化。例如，先前所說的戶田淨博士研究的結果是「皮膚壽命可以長達八〇〇年～一〇〇〇年」。正常的皮膚大約四週內會進行一次新陳代謝，替換新的皮膚，因此根本無暇出現老化現象，我認為這才是正確的資訊。

但是年輕人可能會問：「最近我的肌膚喪失彈性，好像已經老化了。」感到不滿與不安。仔細觀察他們的肌膚，發現問題多半出現在「表皮」。

到了四十歲以後，不是表皮而是皮膚內側的「真皮」出現了麻煩。隨著年齡的增長，「細胞鏽質」的過氧化脂質會增加，容易引起肌膚乾燥與泛黑。

在二十幾歲、三十幾歲、肌膚出現斑點與皺紋，可能是遺傳問題或日光（紫外線）、化妝品所造成的問題。

如果能夠巧妙地控制女性的肌膚，則要擁有年輕的美肌並非難事。由此，在開頭的檢查點中為各位敍述過，健康的生活才是最重要的。

對於創造健康的肌膚而言，這是最重要的一點。如果沒有健康的肌膚，即使表面塗抹化妝品，也無法得到光澤與彈性。最可怕的，乃是化妝品造成的反效果。

創造美肌的大原則，就是不使用藥物、化妝品，而能夠藉著健康的生活形態得到美肌。

各位必須牢記這一點。

①不生病、擁有健康體。

②睡眠充足，過著壓力較少的生活。

③注意規律、營養均衡的飲食。

也許在現代社會中不容易面面具到，但是每一件都是很重要的事情，只要平常多加注意，就能夠得到充滿亮麗光鮮的美肌。

妳可以變得更漂亮

嬰兒時代光滑的肌膚會因為其後的運動而發黑，但是到了十幾歲，肌膚仍然光鮮亮麗。後來踏入社會，從二十五歲到三十幾歲，歲月如梭。

人進入三十歲以後，會產生何種變化呢？

以下是我詢問在我所主持的日本電子物性中央研究會的女性會員們「活用電解水之前的身體狀況」。

〈臉〉

①原本是圓臉，但是臉頰逐漸消瘦、出現小皺紋、鬆弛、斑點。

②熬夜後的次日臉上不易上妝。

③容易受到日曬的影響。

④出現嚴重的化妝斑疹。

〈身體〉

①稍微進食，下腹就會突出。

②和以前一樣，一餐不吃就會凹陷的腹部，現代卻無法復原。

③減肥效果不佳，瘦不下來。

〈頭髮〉

①出現白髮。

②沒有光澤。

③頭髮漸漸變細。

相信這是大家都經驗過的共同煩惱。而女性每當迎向生日時，總會產生恐懼感，這絕非謊言。

但請安心！

只要進行「電解水美肌法」，過著正常的生活，就能夠與此絕緣。如果你現在擁有這些煩惱，那麼請接受本書的建議。

美肌的重點在於「健康水」

護理肌膚時，你最在意的是什麼呢？

「我是乾燥肌，容易出現小皺紋，因此會塗乳液。」

「經由按摩拉平皺紋。」

「為防止肌膚的老化而塗抹營養霜。」

出現這一類的回答。

乾燥肌利用乳液、皺紋利用按摩、利用營養霜來防止老化，這種想法我能夠了解，但是請等等。

肌膚一旦乾燥會出現皺紋，因此想利用營養霜或美容油使其免於乾燥，這是單純的想法。而按摩也必須配合狀況來進行，但效果不彰。防止老化的營養霜反而會促進老化。

對肌膚而言，必要的不是油分，而是水分。

女性肌膚的表面有角質，在皮脂膜下有天然保濕因子ＮＭＦ，能夠防止水分蒸發，在此能夠保持二〇％的水分。肌膚的潤澤即拜這種保濕因子之賜。

但是乾燥肌的女性，其肌膚表面容易乾燥，這不僅是乾燥肌的女性，甚至體調不良，疲勞時，角質缺乏保有水分的力量，也會出現相同的狀態。

亦即肌膚乾燥的原因在於水分不足，沒有水分的話，皺紋當然就會變得明顯。

例如，在此有一朵乾燥的香菇。

表面與乾燥肌相同，是充滿皺紋的狀態，這時倒入油，皺紋依然無法去除，一直維持原狀。

但是如果將香菇浸泡在水中，則不久之後，皺紋就會拉平了，會變成美味的香菇。

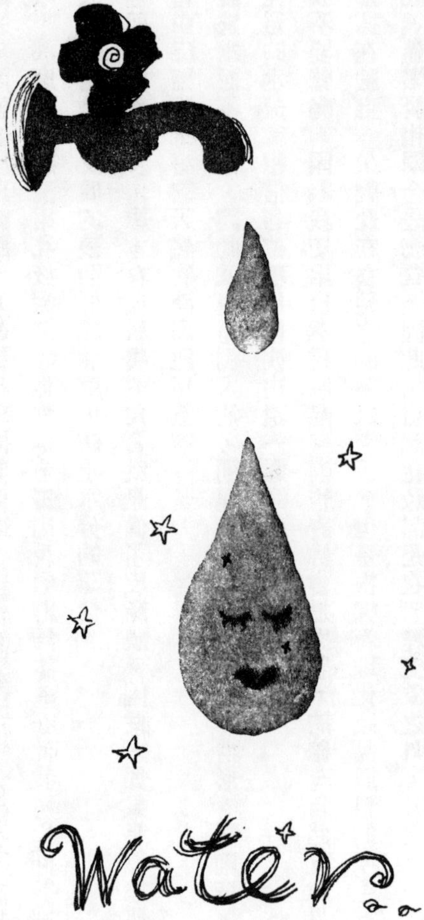
Water

人類的肌膚也是同樣的情形。

皺紋較多時就不易上妝，心情也不好。最近的異常高溫與雨水缺乏，乾涸水池的底部甚至出現龜裂，而乾燥肌與此底部的龜裂是相同的情況。乾燥肌所欠缺的不是油分，而是水分。

「哦！那麼為何要使用乳液呢？」也許妳會提出反駁的理論。在此我可以回答妳。乳液的作用是在皮膚的表面形成油膜，防止水分的蒸發。

但是前面已經提及，原本女性肌膚的角質就是備了皮脂膜。因此，如果是健康肌膚的女性，則藉由皮脂膜分泌的天然乳液即已足夠。

肌膚缺水而不缺油，因此就算是倒入油，則與乾燥的香菇同樣的情形。要創造美肌，需要擁有充足的水分，相信各位都已經明白這一點了。

「我不要緊啊！因為我使用自然化妝品。」也許妳會這麼說。的確，自然化妝品並不是「將油塗抹在臉上」，因此在女性之間廣為流行。但是根據管理化妝品原料的厚生省管轄的範疇來說，僅限於化學合成物質，因此，自然化妝品是在管轄對象之外。

最近這種「崇拜自然」的旋風掀起之後，使用自然物品成為流行的風潮，但是精製的良質礦物油比植物油更為安全。因為植物油容易變質，在遇到氧和陽光等，可能會形成過氧化脂質。而這個過氧化脂質會成為「細胞的鏽質」，對肌膚不利。

所以不要認為「自然的就是好東西」，需要講究品質。

皺紋是因水分不足而形成的

形成皺紋的原因，大致分為以下三種：

①水分不足

皮膚乾燥，組織下沒有水分，表面缺乏張力的部分就會形成皺紋，這就是所謂的「小皺紋」。像脫水或脫脂等原因，都會造成表皮出現皺紋。

小皺紋的原因在於水分不足。當角質增厚時，肌膚乾燥，肌膚就會失去透明感與光澤。

此外，如果肥皂、乳液殘留在臉上，或洗髮精的泡沫附著在臉上也會產生皺紋。

②缺乏肌力的鍛鍊

皮膚下的表情肌及保持表情肌的筋膜，隨著年齡的增長，力量逐漸地減弱，如果不加以調節，就會形成皺紋，這就是稱為「表情皺紋」的真皮皺紋。這個皺紋產生的最大原因就在於表情，像眼尾、口唇四周及戴假牙的老年人，經常會出現這種表情皺紋。

另一個原因就是臉頰的鬆弛、這個鬆弛通常始於三十歲。如果你感覺「最近的肌膚缺乏張力」，那就必須要注意了。這就是「鬆弛」的開始，需要立刻補充水分。在這個階段，只要補充水分，就能夠使肌膚恢復張力。

③紫外線

第三個原因是紫外線，這就是真皮的皮膚障礙，例如，漁夫或農家的人，較多出現在臉部與後脖頸的皺紋，利用按摩也無法消除這種皺紋。

像「肌膚逐漸變得乾燥」，這是小皺紋的警告訊息。而肌膚的乾燥，則是由於皮脂的分泌較少所致。如果這個乾燥放任不管，就會形成真正的「皺紋」。

尤其在秋冬之際，以季節而言，皮脂量會減少，而且因為暖氣造成整個環境乾燥，因此對美肌而言是非常痛苦的季節。在春夏時節，紫外線對策也很重要，而秋冬的乾燥對策也是重點所在。

煩惱首推老化第一步的「小皺紋」，不僅是臉部，也會出現在手臂與後脖頸的部位。這些部位一旦出現小皺紋，會比出現在臉上更讓人感覺到年紀的老大了。就算想要上濃妝來掩飾，但只要看後脖頸就能夠了解事實了。正如「臉皮很厚」這句話所說的，皮膚最強力的部分在臉上，而這個顏面始終持續發揮作用。

孱弱的肌膚無法復原，容易出現皺紋，一旦皺紋出現，就容易形成較深的皺紋。

因此世界上的美容專家都在檢討「皺紋對策」。在此為各位介紹，據說有效的一些方法。

①配合維他命A酸化妝品。在國內並未得到許可，「以歐美的事例來看，過度發亮，讓人覺得不自然」（醫療專家所言）。

②美容外科的手法。在深線的部分注入「膠原蛋白」的手法。沒有副作用，但是每隔半年就會被吸收，就要反覆進行，費用極高。

③補充女性荷爾蒙的手法。女性荷爾蒙會在皮膚製造保濕物質，因此，可併用化妝品進行護理。

④拉皮。這是美容外科的手法。就是從毛髮的髮際往內切入一公分左右，再將皺紋往上

拉的作法。但是作不好的話，會變得不自然，一眼就可以看出是拉皮，甚至有如戴上假面具的臉一般。

大都採取以上的手法，但是這種人工方式不自然。

對於皺紋而言，最重要的一點，以保濕的意義來看，就是要多攝取水分。

創造沒有斑點、雀斑的肌膚

「日曬的黑色素是原因吧！」大家都知道這一點，黑色素是一般的名稱。但是這個黑色素卻具有重要的作用，各位可能認識得不夠透徹吧！

黑色素是表皮最下方的色素母細胞黑素細胞發揮作用而製造出來的，具有保護皮膚、防止人體受到紫外線傷害的作用。一旦曝在紫外線下，人體會製造出黑色素，保護重要的皮膚。這個現象稱為「日曬」。

在新陳代謝的作用下，黑色素約過了三、四週就會從皮膚上脫落，如果是新陳代謝緩慢的二十五歲以後的年紀，則無法排泄掉黑色素就會慢慢地積存，成為斑點或雀斑出現在臉上。

Suntan

這個斑點、雀斑和紫外線或荷爾蒙有關，不過，目前可以想像的原因如下：

①紫外線。

②與肌膚不合的化妝品、化妝品斑疹。

③壓力。

④過度疲勞與睡眠不足。

⑤由於毛細孔污垢造成新陳代謝減退。

⑥便秘（宿便）。

⑦婦女病（荷爾蒙平衡失調）。

⑧手腳冰冷或貧血。

有的是一個原因所造成，有的是各種原因組合而成的，因此我們所說的原因有很多種。尤其斑點從三十歲以後開始變得明顯，日曬不僅有殘留斑點的危險，同時會使已經出現的斑點變得更深。

為了使斑點、雀斑變淡，首先要保護肌膚避免陽光直射，即使是陰天，也不要忘記紫外線對策。雖然是陰天，但是紫外線仍然會到達地上。紫外線對策不僅用來處理斑點、雀斑、對於預防肌膚的老化與皺紋，也非常的重要。
在紫外線當中，有一種稱為「生活紫外線」的A波，不同於B波，不會出現明顯的曬傷，故經常被忽視，但是通過皮膚表面，能夠到達真皮層，會破壞膠原蛋白，是非常可怕的紫外線。每天無意識地曝露在這種B波中，就會造成小皺紋、斑點、雀斑、面皰、腫皰的產生。

腫皰對策在於「對健康好的水」

「雖然塗抹面皰藥，卻無法痊癒……」這表示你的症狀可能與真正的面皰不同吧！這一點你知道嗎？
十幾歲與二十幾歲的肌膚狀態不同，症狀看起來相同，但原因可能完全不同。
從下巴到兩頰兩側廣泛形成腫皰，與荷爾蒙的平衡失調有關，在生理前後較容易惡化，稱為月經疹。
面皰的主要原因是皮質的分泌過剩，而月經疹則是黃體荷爾蒙的平衡失調或手腳冰冷症、壓力等內在條件所造成的。

因此，只要從外部護理，就能夠改善面皰，但是月經疹需從內部加以護理。這一點非常重要。

此外，毛細孔會因皮脂或各種污垢受到阻塞，使得細胞菌類在此繁殖，發揮作用而形成面皰。

臉部蓋被子睡覺或將臉貼在枕頭上睡覺的人，特別容易長面皰，需要注意。枕頭套，棉被，床單等接觸肌膚的東西，都必須要保持乾淨。

「背部容易長面皰的人，請檢查一下自己的睡衣，可能與肌膚不合。此外，長髮女性在洗髮後，可能因殘留的洗髮精接觸到肌膚而引起發炎，而頭髮本身也會成爲刺激，產生面皰。如果是額頭長面皰，則可能是前面頭髮下垂所造成的。

關於面皰、腫皰，為各位整理敍述如下：

①外在要因：劣質的化妝品、身邊不衛生。例如要使用清潔的毛巾，不要用骯髒手去碰臉。面皰肌的場合尤其要注意。

②內在要因：不規律的生活，荷爾蒙的平衡失調、壓力、便秘等。對於這些要因，必須要檢查自己的生活形態。

□是否注意飲食？
□是否運動不足？
□身邊是否清潔？
□是否擁有正常規律的睡眠？
□是否持續飲用能使身體活性化的「對健康好的水（＝電解水）」？
□是否用對於「健康好的水（＝電解水）」洗臉？

關於面皰與腫皰的對策，基本上還是在於每天規律正常的生活。

第二章 創造美肌的就是水

「滋潤美肌」的構造

很多女性過了三十歲以後，臉部出現明顯的小皺紋。這個小皺紋就是在皮膚表面凹陷的皮溝部分朝某個方向加深而形成的狀態。

小皺紋不會增加，卻會變大。而一旦形成大皺紋時，就難以去除了

富於彈性的肌膚，讓人感覺舒服、青春，這是指沒有鬆弛而非常滋潤的狀態。而「滋潤」指的就是皮膚的水分與脂肪平衡的意思。人體肌膚的表面有很多的毛細孔，由此分泌出汗與油脂，水分較少時，就會失去這種滋潤而變得乾燥。這與老化有密切的關連。

將皮膚的表面放大時，發現有隆起的部分（皮丘）與凹陷的部分（皮溝）。而紋理細嫩的皮膚，即指每一個小的肌膚。相反的，越大的話，肌膚的紋理就越為粗糙。

肌膚透明白皙是理想的狀況，或是相反的盛夏時節，健康的小麥色也不錯。不少年輕人一年四季都擁有小麥色的肌膚，但是大多數的女性都追求白皙的肌膚。

肌膚是由表皮、真皮、皮下組織所構成。表皮只有〇・一～〇・二公釐的厚度。

再加以細分的話，則表皮由外側往內側分為角質、顆粒、有棘、基底各層。角質是表皮細胞，通常第十四天就會脫落更新，一旦脫落之後，就會成為「汚垢」。

由基底細胞到角質層為止，需要花十四天，亦即大約在二十八天內表皮就能夠更新。

在表皮的下部組織有真皮，具有二公釐的厚度，占皮膚的九五％。由膠原纖維及彈性纖維所構成、膠原纖維的主要成分就是膠原蛋白這種蛋白質。

滋潤的肌膚，最重要的就是角質層有水分，但是隨著年齡的增長，這種保持水分的力量減退時，肌膚就失去滋潤，因此皮膚會形成鬆弛，出現皺紋。

皮膚老化有一些原因，一大原因就是缺乏「水分量」。

了解肌膚的構造

如果將覆蓋於全身的肌膚攤開來，則大約有一張榻榻米那麼大。

皮膚由表面開始，分成表皮、真皮、皮下組織三層。要保持肌膚的美麗，最重要的即是真皮的作用。真皮是由蛋白質、醣類、無機鹽類、水所構成的膠狀層，也是氧氣、營養送達皮膚的部分。

在真皮層中最外側的是乳頭層、水分積存於此。在此有靜脈、動脈的微血管，能夠補充新鮮的氧氣與營養，並運送老廢物。

真皮孱弱，是形成皺紋和斑點的原因，真皮中的纖維退化萎縮等，水分與皮下脂肪減少，皮膚乾燥，缺乏彈力，而導致鬆弛。

人體每天進行新陳代謝，而進行新陳化謝的顛峰時間，是從晚上十點到凌晨三點。因此，肌膚的細胞在這時候就能夠更新。

是故，如果熬夜，就會阻礙新陳代謝。習慣熬夜的現代人，往往在不知不覺中製造肌膚乾燥的原因。總之，在這一段時間一定要卸妝，保持以自然肌膚來睡眠的姿態。

最近抽煙的女性增加了，不過，一旦尼古丁進入體內，會使得將營養素運送到皮膚的微血管收縮，因此阻礙新陳代謝，皮膚變得乾燥，出現皺紋、斑點。便秘也會損害身體的新陳代謝，使肌膚變得骯髒。

以形態別進行正確的護肌

如果不能夠充分地掌握自己的肌膚特徵，就不是具有萬全的美肌對策。肌膚的性質要複雜地加以分類，十分的繁瑣，在此僅以「乾性肌」「正常肌」、「油性肌」三種來分類。

①「乾性肌」的女性

特徵：「下雨時肌膚覺得潤澤」，這是乾性肌的人所說的話，而這種乾性肌是因為皮脂分泌較少所致。

皮脂會在表面形成膜而保護肌膚，同時防止水分蒸發保持滋潤，當此機能衰退時，就會成為「容易乾燥的肌膚」。乾性肌的人，年輕時期肌膚的紋理細緻，甚少因面皰而苦惱，但是過了三十歲以後，肌膚開始乾燥，如果不予理會，就會形成皺紋，故別忘了護理。

對策：「既然是乾性肌，那麼一定得補充水分囉」，請妳務必要放棄這種想法。

前面曾經提及，肌膚需要的不是油分，而是水分。首先就是洗臉。即使是乾性肌，睡眠中的油脂和前一天之乳液的油分也要沖洗掉。睡前及起床後一定要洗臉。

乾燥的原因是由於水分不足，因此，可利用攜帶型噴霧器—（可在超市的化妝品專櫃中買到）、裡面放入電子水，感覺乾燥時就「咻」地噴一下，藉此能夠穩定肌膚。覺得有點乾燥時，就可以使用具有水分保濕效果的化妝水或乳液。

如果是屬於超乾性肌，則在泡澡時可以按摩或敷臉，防止水分由皮膚蒸發（關於這一點，在第五章有詳細的說明）。

②「正常肌」的女性

特徵：平常不會油膩，在洗臉後也不會出現緊繃感，是正常的肌膚，「冬天乾燥，夏天滋潤」，這是國人最常見的形態，基本上是屬於平衡極佳的肌膚，只要不忽略充分護理，則不會喪失光澤，同時能夠長時間保持良好狀態。一旦掉以輕心，有可能會變成乾性肌，需要注意。

對策：用肥皂洗臉，僅止於早晚各一次而已，水分補給也要配合季節、工作場所冷暖氣

my Skin

等的環境。利用電解水補充水分，是對正常肌最有效的方法。

③「油性肌」的女性

特徵：與乾性肌相反，是屬於油性的肌膚。油性肌的紋理粗糙，毛細孔明顯，。由於皮脂分泌較多，所以額頭鼻翼、T區域會明顯地出現油脂與汚垢。皮脂的分泌從青春期到二十幾歲時達到顚峰，三十幾歲、四十幾歲時漸少，化妝容易脫落，而且毛細孔非常明顯，這就是油性肌的特徵。

與乾性肌不同的是，不會因為乾燥而起皺紋，但相反的，卻容易出現面皰與腫皰，如果不認真護理，會成為泛油光的肌膚。這也是因為水分不足所致。

對策：早晚一次用肥皂洗臉是重點，油性肌的人往往因為過於在乎油脂，而一日洗臉多次。

但是，過度洗臉反而會刺激皮脂腺，分泌出過多的油脂來。皮脂腺具有在乾燥時會分泌出油脂調整平衡的機能，務必要牢記這一點。此外，雖然敷面能夠去除容易積存在毛細孔的汚垢，但是至多一週進行一次。

敏感肌需要注意簡單的肌膚護理

國內女性中敏感肌者占三分之一。

「最近，因為使用化妝品而引起斑疹。」出現這種症狀的女性增加了。根據皮膚科專門醫生的報告，「雖說是敏感肌，但是與化妝品不合而造成發癢等症狀，占整體的一〇%，與因為過敏而引起的肌膚疾病具有相同的比例，剩下的八〇%是因為壓力、體調的變化等環境所造成的。」

像異位性等過敏症狀也是如此的，大氣污染，空氣的乾燥、壓力等，對於肌膚形成過敏的刺激，而造成這種「自稱敏感肌」增加的事實。

一般而言，敏感肌的女性大多是肌膚的水分保持力較弱，因為乾燥而容易形成問題。此外，容易長腫皰，難以上妝，能夠使用的化妝品有限，而且，在化妝法上也受到很多的限制，不易進行管理。但是敏感肌的人，在洗臉或洗臉後的保濕，對於創造美肌而言是重點所在。

「因為長顆粒，所以無法洗臉」、「即使使用天然的肥皂，肌膚也會乾燥」，這些人只要用水洗臉。敏感肌的重點就在於補充水分。

這時最有效的就是「電解水」。因為水分子集團（水分子束）較細，而且是弱鹼性，能使肌膚細胞活性化。只要使用這種「電解水」，即便是敏感肌的人，也能得到效果。由於水是柔軟的，對肌膚溫和，故能夠多次地使用。

但切勿使用美顏刷，不能因為感覺舒服而使用美顏刷摩擦或刺激肌膚。此外，雖然冷水清爽，但最好使用攝氏三二～三三度適合人體肌膚的溫水。過熱的水，會奪去肌膚的油脂與水分，而冷水會使毛細孔收縮，難以去除污垢。

可以將適量的肥皂塗在手上，用電解水仔細揉搓，使其起泡。秘訣在於要揉搓到成乳液狀為止。這個泡沫能夠成為緩衝物，緩和摩擦，因此不要忽略這個步驟。此外，切勿使肥皂殘留在臉上。

「我和一般人清洗的順序不同，先洗頭髮、潤絲，再清洗身體，最後再洗臉」，敏感肌的女性會這麼做，這是由自己的經驗而想出創造美肌的智慧。

在擦臉時也要注意，當然要使用清潔的毛巾，為避免讓這個毛巾摩擦到肌膚，則必須有如吸取水滴似的，輕柔的接觸。

敏感肌的情況，尤其要特別注意簡單的肌膚護理。

女演員和模特兒也實踐的「美肌、美顏的關鍵」

皮膚會以二十八天的周期不斷地更新，這在前已經提及，新的細胞每天會出現，表面的肌膚也會每天更新。

因此，因為肌膚乾燥而苦惱的人，絕對不要放棄。「許多因乾燥肌膚而煩惱的女性，過度使用去除角質的化妝品，採用錯誤的洗臉方法」，這是名美容專家所說的話。

美肌、美顏的秘訣在於「洗臉」。也許你會驚訝地說：「就這麼簡單嗎？」的確如此，因為美肌而著名的女演員或模特兒，也坦白地承認為因為洗臉而保持美顏。

某雜誌在專欄上報導著：「要創造光滑的肌膚仍然要靠洗臉。」為各位介紹部分有趣的內容。

①H・A（電視節目主持人・三十三歲）

「二十五歲以前，會在肌膚的護理上下工夫，但是二十五歲以後，生活方式與化妝都盡量力求簡單。除了工作之外，不化妝。擁有美麗的肌膚，即使不化妝也能夠走出戶外。同時洗臉也很重要，一定要好好地卸妝，並去除肌膚的污垢。

H・A在工作結束後，會於當場簡單地卸妝，回家後，再一次卸妝，然後用洗面皂洗臉。同時，配合肌膚的狀況，季節、體調，每天改變洗臉的方式。

②K・N（歌手・作詞作曲家・三十歲）

「可能是因為皮膚太薄了吧！每當疲倦時，眼下就會出現明顯的黑眼圈，而且因為敏感肌，額頭經常長腫皰。接受專門診所的治療時，醫生叮嚀我一定要認真地洗臉，否則洗面皂殘留在肌膚上，就會形成濕疹、斑疹的原因。同時告訴我不要大量使用洗面皂，只要認真地卸妝，就不必要用太多的洗面皂，而且務必沖洗乾淨，這個說法看似簡單，做起來並不容易。」

受歡迎的藝人比一般人更為忙碌，但是也是自覺到要抽空認真洗臉，畢竟「希望自己更美麗」，是女性共同的願望。

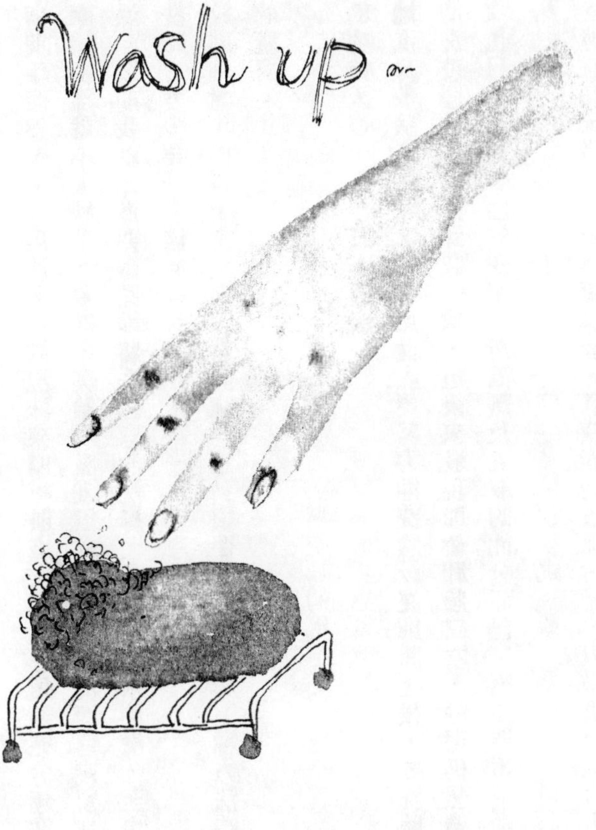
Wash up

③Y・T（女演員・二十七歲）

「避免臉部肌膚與手摩擦，又利用洗面皂的泡沫來摩擦肌膚，因此必須要充分起泡。如果泡沫不足，用手摩擦臉部就不太妙了。我從小開始肌膚就很乾燥，一旦洗面皂殘留在臉上時，會變得更為乾燥。以前我就知道要徹底地將洗面皂沖洗掉，如果要清水沖洗，至少三十次，用淋浴方式沖洗時，要少要一分鐘。」

Y・T的肌膚紋理細嫩、白皙，當她向因為面皰而感到煩惱的朋友建議這種方法時，看出她的確擁有美麗的肌膚。

④因為美肌而著名的主持人O・S（三十四歲）

「我不會輕易地進行敷臉或按摩，但會比他人更努力地洗臉，在卸妝之後，要洗臉二次，將臉上的洗面皂清洗乾淨，昔日只卸妝一次，但後來發現即使卸妝二次，臉部仍然殘留污垢，而且洗臉第一次也只能去除表面的灰塵，清潔劑及乳液的油分而已，應該要再清洗一次。」

最基本的洗臉，應該每天進行，雖然美容液，乳液能夠去除污垢，但是肌膚毛病中有八成可以藉著認真地洗臉，而得到改善。希望各位能夠學習她們的智慧與努力。

洗臉的「水質」是問題所在

這些女藝人藉由洗臉而能夠擁有美麗、滋潤的肌膚，其實一點也不足為奇。正確地洗臉，亦即認真地去除污垢、能夠確實分解掉表皮細胞的屍體，亦即角質層的蛋白質。但這些美容專業人士，她們若無其事進行的事情，事實上是不必花錢卻又能夠奏效的美顏法。

但是重點在於洗臉時的水質，用充滿氯和漂白粉的水來洗臉，當然對肌膚不利。因此，最近各廠牌的淨水器、整水器、成水器相繼問世，不妨多加利用。

使用電解水保持美顏的女性不計其數，她們一天洗臉數次，或直接在臉部噴電解水。有的人則是將電解水裝入攜帶型噴霧器中，隨時取用。

如果是十～二十幾歲的健康肌膚，一日洗臉二次，就會變得非常美麗。年輕的肌膚，新陳代謝旺盛，由皮脂腺分泌的油脂會與水分混合成天然的乳液，能夠立即滋潤肌膚。

三十～四十幾歲以上的人，最好早上只用水、夜晚利用洗面皂來洗臉。過度去除肌膚的油脂是不行的，因此要清爽地來洗臉，在沒有化妝的時候，只要用水就能充分去除污垢及油脂。如果化妝時，則需要用洗面皂洗臉二次。

最重要的是，拒絕用石油系列溶劑的清潔劑，以及含有小粒子的磨砂膏，尤其是磨砂膏會勉強去除角質層，結果引起發炎，製造斑點。既然不是清洗車子，當然不需要使用美顏刷，以免傷害肌膚。

溫柔地對待肌膚是最重要的，而洗臉的水更是忽略不得。

在此為各位列舉一下注意事項。

根據美容專業書的說法是：

「給肌膚補充水分很好，但是光利用水分無效。因為水分蒸發時，會連皮脂一起蒸發掉，使肌膚變得乾燥。」

有的女性會將礦泉水噴在臉上，這是無用的事情。的確能夠瞬間得到水分的滋潤，但不久之後就會產生緊繃感。這是因為當附著在臉上的水分蒸發時，會奪走肌膚表面的水分。

的確，如果是使用普通水（自來水等）會產生這種情況。但是電解水的水分子較容易滲透到細緻的肌膚中，使細胞活性化，所以肌膚絕對不會乾燥或緊繃。

我會指導我的女性會員們「在泡電解澡（後述）時要喝一公升的電解水，泡澡十五分鐘（習慣後可漸漸拉長時間）」。結果，她們在洗過澡後，手掌不會起皺紋，手指也不會泡脹。

電解水不是普通的水。

萬全做好美肌大敵「紫外線」的對策

很多女性認為只要化妝就能夠使自己變得更美麗，但，這是錯誤的想法。

創造美肌的秘訣，並不是來自外在的護理，而是來自內在的護理。

即使是好的化妝品，也無法創造美肌，不能保護妳的美肌。我們的肌膚的自然能力，就是能夠使皮膚經常保持美麗、健康的生理本能。在二十八天內會更換的表皮，如果過度地使用化妝品，反而會阻礙其機能。

那麼是否就不要使用化妝品呢？這麼做也過於勉強了。因為除了水分不足以外，肌膚的大敵就在於「紫外線」的問題。

嬰兒的肌膚非常滋潤，但是長大成人之後，肌膚容易乾燥。這也是因為「紫外線」的緣故。

這個紫外線，以波長長短的順序可區分為UV—A、UV—B、UV—C等。UV—C無法到達地面，而UV—A、UV—B兩者都會到達地面，對肌膚造成傷害。

在此簡述紫外線。

①UV—A

稱為生活紫外線，照射量三〇～五〇%會達到皮膚的深處（真皮），使得斑點、雀斑加深，因為水分不足而喪失彈力，成為皺紋的原因。即使在陰天，也會穿透玻璃侵入住屋內，絕對不可掉以輕心。

②UV—B

在夏天海邊照射到的紫外線。

Beauty

主要是照射在表皮層，皮膚會發紅、刺痛，嚴重時，甚至會引起發炎症狀，長水疱。因此，角質會增厚、肌膚乾燥，促進黑色素的生成。如果過度曝曬，會引起老化現象。

③UV－C

殺菌的效果很強，對皮膚而言是大敵。通常是由臭氧層吸收，因此不會到達地表，不過，最近卻成為話題，因為地球的臭氧層減少，這個紫外線可能會造成皮膚癌的發生。

長年曝露在紫外線中，皮膚表面的角質層增厚，藉此保護身體；但是相反的，會降低水分的百分比，使肌膚變得乾燥。

儘管如此，到了夏天時，「還是海邊最棒」，因此，一窩蜂地前往夏威夷、琉球等休閒地，藉此使心情放鬆的女性不少。再加上最近出國旅行的風潮頗盛，因此會讓人覺得這是一種時髦的休閒活動。事實上，很多女性只是為了「曬黑皮膚」而出國觀光。

但是，這種日曬對肌膚而言，乃是大敵。

紫外線能夠在體內合成與鈣的吸收有關的物質，也是日光消毒的代表性物質，對人體健康而言十分重要。不過，相反的，因為臭氧層遭到破壞，酸雨、活性氧造成過氧脂質（變質的油脂）積存，加速老化的形成，因此對肌膚的影響很大。

不光只是休閒時，在家曬衣或越過窗簾射入的日光一旦蓄積，也會造成同樣的症狀，故對於紫外線務必要擁有萬全的對策。

日曬的可怕——曬傷的高明護理法

「紫外線對策？說這些已經太遲了，因為皮膚已經曬傷了。」

經常聽到這種說法。

盛夏時節，女性雜誌也會有一些「紫外線之害」、「紫外線對策」等的專題報導。大家都會注意這些報導，但是每年仍有很多女性曬傷。

曬太陽是很好的，但是在短時間內就可能會曬傷肌膚，引起脫皮、刺痛，數日內肌膚會發燙。

為了擁有美麗的日曬肌膚，則應該：

①在肌膚上充分塗抹遮斷UV－B的防曬油，在陰涼處或日光較弱時，慢慢地曬太陽。

②感覺「肌膚曬傷」時，可以跳入游泳池中，冷卻發燙的肌膚。

③日曬後要為自然肌膚補充水分。

分數次（數日）來實踐，能夠享受長久的日曬之樂，而且顏色會漸漸地褪去，也不會引起脫皮。

不過，如果「想在短時間內享受夏天陽光」的女性，也許就很難辦到這一點了。「我雖然知道這一點，卻無法做到」、「後悔已經太遲了」，今年夏天妳還會這麼想嗎？在此請考慮一下「對日曬肌膚的溫柔護理法」。

對於日曬肌膚，妳是如何處理呢？

「好好地按摩」、「用富含維他命C的檸檬敷面」，也許有的女性會這麼做，但這是不智之舉。日曬就同於燙傷的情況，絕對不可過度刺激肌膚，這樣只會更為虐待孱弱的肌膚。檸檬的酸刺激性太強，如果經常曬太陽，可能會因此而殘留斑點。

冷卻因曬傷而發熱的肌膚，這是重點所在，可利用結凍的電解水冰塊或用冰水（電解水）打濕毛巾，擰乾後，貼在臉或背部，使發燙的肌膚充分冷卻，如此即可抑制發炎症狀的產生。

如果這時和平常一樣化妝，那可就糟糕了。肌膚就好像火災現場同樣的狀態，平常所使用的化妝品可能會引起斑疹、發炎，因為肌膚已經變得非常纖弱了。

有的人在日曬後肌膚會長水疱，這時不要弄破水疱，如果用手擠破，可能會感染細菌，那麼後果就不堪設想了。

在洗臉時，儘量不要刺激自然的肌膚，用電解水來洗臉，千萬不要按摩。依拍打的要領來擦拭，讓毛巾充分吸收水分。自然肌膚也要利用電解水或不具刺激性的化妝水充分補充水分，在外出必須要化妝時，也只是塗塗口紅而已。

經過一週後，曬傷的肌膚得以改善，逐漸恢復自然肌膚。這時，就可以進行普通的化妝了。在此之前，必須忍耐。

照顧曬傷的肌膚，從初期階段開始到復原為止，最重要的，就是要給予自然肌膚水分。曬傷的肌膚因為失去水分而變得乾燥，因此，使用具有極高的滲透性及保濕效果，毫無刺激性的電解水，那是最可靠的方法。

化妝品有界限

「因為推銷員說好，所以買了如此昂貴的化妝品，但是卻沒有變得更漂亮。」

「聽說能夠去除斑點，可是卻完全無效。」

很多女性會如此地抱怨。

化妝品只能夠幫助妳維持自己健康的美肌而已。化妝水、乳液等化妝品並不是治療斑點、皺紋的藥物。化妝品是比醫藥品的作用更為緩和的物質，只要用法正確，則不具副作用，非常的安全。不論是誰都可以購買，這就是化妝品。

如果引起問題，那可能就是妳的用法錯誤或化妝品與妳的肌膚不合吧！因此，在化妝之前，一定要了解自己適用的化妝品種類、使用法及效能。

「健全的生活形態創造出美肌」，因此，化妝品不可能創造出美肌。要了解化妝品的界限，不可過度抱持期待之心。

oasis

「化妝休假日」對肌膚而言是綠洲

「梅雨時期濕度較高，所以不必太過於在意。」

「但是盛夏時節日照強烈，還是要選用能夠遮斷UV的化妝品。」

「在乾燥的冬天，保濕性最重要。」

在盛夏豔陽高照下所使用的化妝品，和冬天乾燥冷風吹拂時所使用的化妝品當然不同。大部分的女性會配合季節分別使用不同的化妝品。

不過，美肌非常的纖細。「雖然平常所使用的化妝品，但是因為工作疲勞、體調不良時會出現斑疹。」這種情形時有所聞。因每天的體調、壓力、心理狀態不同，必須改變化妝，這就是纖細美肌的麻煩之處。

女性必須配合自己自然肌膚的狀況塗抹化妝水、乳液等，這些基礎化妝品是在打粉底之前必須要使用的東西，每一種都可以成為皮脂膜的代替品，發揮機能。

女性肌膚經常會從皮膚分泌汗（水分）和皮脂（油分）。

混合形成皮脂膜，藉著皮脂膜之賜，使得女性的肌膚保持「滋潤」。這個天然的水分與油分，一旦取得平衡就很好，但是女性的肌膚會隨著年齡、健康、氣候或居住環境，職業場所以及壓力的不同，而出現微妙的平衡失調。

而要以人工方式調整這個平衡，就得仰賴基礎化妝品的作用了。能夠防止乾燥、污垢、去除老廢物，同時補充皮膚所具有的生理機能。

總之，這些化妝品會對肌膚造成負擔，如果每天數次塗抹，會損害肌膚本身的復原力。最近，很多人會服用維他命劑。可是維他命原本是經由攝取蔬菜等，而在體內製造出來的物質。光是由外部攝取，會降低身體本身製造維他命的力量。

化妝與美肌的關係也是如此。過度依賴化妝品是很危險的。為了恢復及充實肌膚所具有的力量，有時必須要放棄化妝，設定「化妝休假日」，使肌膚休息。

第三章 妳喝的到底是什麼水

更為危險的自來水

「人體內七〇%是水分。」

「因此好水能夠創造美肌。」

「對於創造美肌而言好水是最好的。」

儘管這麼說，那麼妳每天所喝的水到底是什麼水呢？水質是一大問題。

本章想和各位一起研究「在各種水之中，創造美肌的水與對身體有害的水是指什麼？」

各位每天喝的是什麼樣的水呢？

相信各位讀者每天所喝的水及作菜所使用的，幾乎都是自來水。有的人會在自來水的水龍頭上安裝市售的淨水器，當然也有的人會使用天然的井水。

日本山明水秀，因此給予人「水很乾淨」的印象。但是由於都市開發以及高爾夫球場開發的農藥污染等，環境問題成為污染的話題。最近，甚至連酸雨的問題也被拿出來探討。在豐富便利的生活當中，身邊卻被充滿化學物質的環境所污染。

像日本占癌症死亡第一位與第二位的大阪、東京，飲水的總三鹵甲烷值也占第一位、第二位，各位認為這是偶然的巧合嗎？

總三鹵甲烷值就是指構成甲烷的四個氫當中有三個被鹵素所取代的意思。其中之一就是著名的三氯甲烷，這就是致癌物質，因為會造成腎臟障礙與肝功能障礙而為人所熟知，具有催畸形性，在醫學上已經拒絕使用了。但是，我們每天所喝的自來水中卻含有四種總三鹵甲烷，甚至有人說其中的三氯甲烷含量過半。

從倫敦和巴黎的泰晤士河和塞納河取得的自來水，已經被證明不能當成飲用水使用了。而在東京、大阪等都市部分，很多家庭都使用礦泉水，或利用經由淨水器處理過的自來水。

在此需要注意的是，「水很難喝」這一點尚可忍受，但是在我們身邊的水的「毒性」，的確大為提昇。

原水受到污染，而利用現在的淨水器處理方法想要製造出美味，安全的自來水，畢竟有其界限存在。

選擇水的時代來臨了

「必須要注意水的問題。」

「冰塊也很危險。」

「沙拉菜要用水仔細清洗。」

在閱讀一些旅遊指南時，會發現到這一些說明。事實上到國外旅行時，就會認識到國內水質其實並不壞。

但是由於工廠排水、生活排水等環境污染日益增加，因此連國內的自來水也變得不安全了。

「每天喝的水，當然符合安全基準，可以安心使用」，很多人對此並不懷疑，但也許你並不知道「自來水或井水中所含的致癌物質與危險化學物質的檢查有一定的界限」。

自來水是由氯消毒的，在進行之前，於土中或配管中繁殖的細菌會造成霍亂、傷寒、赤痢等傳染病流行。這個簡單的消毒法確實有很大的貢獻，但是，現在卻反而造成無數的「副

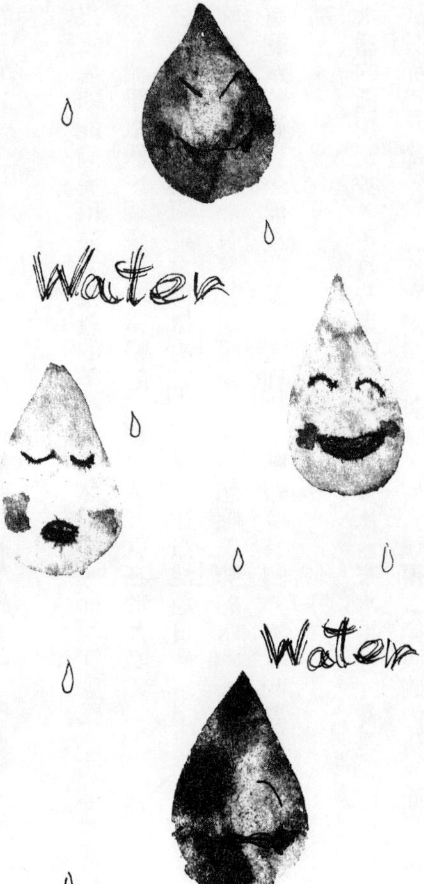
Water
Water

產物」登場。

根據自來水法的規定，氯是必須要加入自來水中的藥品，但是具有強烈的毒性，像德國納粹在猶太人集中營的瓦斯室，用來大量毒殺猶太人的，即是這個氯氣。

喝這種水當然無法創造美肌，所謂「肌膚是內臟的鏡子」，因此將「好水」攝入體內是很重要的。

自來水龍頭能夠流出如甘泉般的美味水當然很好，而現在應該必須要考慮自己健康問題的時代了。像淨水器、礦泉水非常暢銷，理由或許就在於此吧！

一公升保特瓶裝的礦泉水售價約二十五元，比汽油還貴。

『妳喝這樣的水』（ＮＨＫ電視台）、『想喝美味的水』（朝日電視台）等，電視台爭相播放有關水的節目，而在雜誌、週刊也不斷報導有關『水』的專欄，大家對於水的關心度急速提高。

淨水器的種類繁多，更具一定的效果，至少比自來水更好。便是，這只能去除水中所含的有害成分而已，卻不具有使水變得更美味，使人類得到健康的力量。而且要勤於更換濾心，如果利用者不擅於使用，恐怕就無法長久使用下去了。

水具有各種不同的種類

在俄羅斯的高加索地方與南美的安地斯山中，以及日本山梨縣的棡原等長壽村非常有名，據說長生的秘訣在於飲水。不單只是喝而已，也用這個水來清洗身體或洗衣、烹調，將水融入生活中。

高加索地方的長壽村是利用甲酸孔酪與溶化的雪水。雪水對生物體而言，可能提高生理能力，給予這種水之後，小樹能夠急速成長，雞也能夠正常地生蛋、牛乳分泌順暢。

松下和弘先生（生命之水研究所所長）利用NMR（核磁氣共鳴裝置）檢查這些水時，發現水分子束（水分子集團）非常的小（＝水分子的活動迅速）。而「分子束」即是「葡萄串」的意思。由於水分子的狀態有如葡萄串一般，因而得名。

水的化學式正如我們在學校所學一般為H_2O。亦即「一個氧原子與二個氫原子結合，就是水分子」。

這個水分子以一億分之一公分的超微觀世界來看，狀態也具有各種不同的差距，水分子

水分子束（水分子集團）的構造

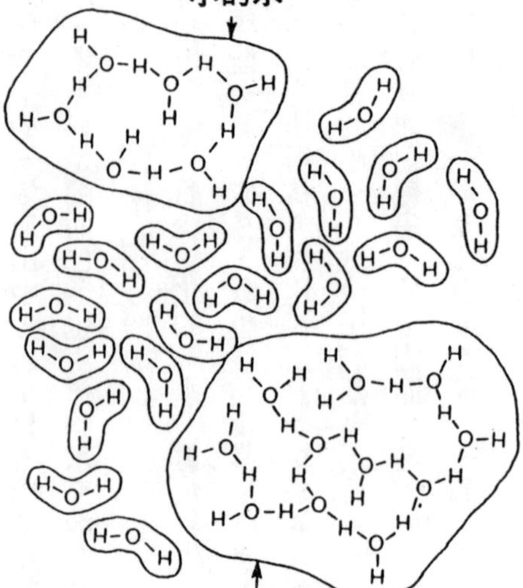

束的大小和移動的速度之間產生很大的差距。

「水在攝氏一〇〇度時沸騰」，這是一般的常識。但是，「為何在攝氏一〇〇度時會沸騰呢？」妳能夠明確地做答嗎？對此難題，最初我也不知道其答案，但事實上這與水分子有關。水分子是以集團的方式存在的，如果只有一個存在時，理論上而言，「水在攝氏零下八〇度時會沸騰」。

然而事實上並非如此。也就是說臭氧帶有負電、氫帶有正電，因此水分子的電氣互相拉扯（稱為氫結合），使得水分子能夠以集團的方式存在。為了切斷這個結合，需要熱量，而這個熱量必須要在溫度上升為攝氏一〇〇度時才能夠形成。

我們每天所喝的水，就是電氣結合較大的集團（水分子束），相信各位已經了解這一點了。

美味而能夠創造美肌之水的條件

所謂「美味水」，這個美味的程度因個人的嗜好而有所不同。為了客觀地加以認識，我們參考松下先生所寫的『與生命體調和之水的條件』，藉此來探討什麼才是「美味而能夠創造美肌的水」。

①去除有害的物質

為使家中的自來水達成這個目的而進行淨水處理。這是根據WHO（世界衛生組織）以及自來水法加以規定的。但是自來水為將細菌、黴菌加以殺菌、抑制，因此要使用氯。氯會破壞細胞，當然因地區的不同而有差距，但是在杯中裝自來水，再將手指放入其中時，就會使得十幾萬細胞死亡。

根據自來水法的規定，這個氯濃度從自來水龍頭中流出來時應為○・一PPM以上。細菌也是生物，由這個意義來看，具有殺死細菌的氯，當然不可能創造美肌。

如果是健康的人，尙不會造成問題。然而，如果含有氯的水被紫外線、放射線等強烈能量照射到的話，就會產生成為老化及所有疾病關鍵的活性氧（以水而言，就是氫氧游離基）。在家中飼養金魚的人，一定知道如果在水槽中使用自來水，金魚會立刻死亡，而夏天細菌會繁殖的時期，因地區的不同，有時會從自來水中檢視出高達三PPM濃度的氯。關於總三鹵甲烷的問題，在前面也曾提及。

②求取礦物質平衡

像古代的海水與母親的羊水都是金屬離子，也就是礦物質成分平衡的狀態。生命體的體內，藉著金屬離子的平衡而進行滲透壓的調節。通常，國內的水都能夠取得平衡，而這個部分是屬於良好的範圍內。

③充分融入氧、二氧化碳

連魚都無法棲息的水，當然不能夠使用。水是溶解力極強的物質，如果能夠適度地接觸大氣，就能夠擁有必要的氧與二氧化碳。

④水的硬度不可太高

國內的水通常為軟水，在這一點上不成問題。當然也會受到飲食生活的影響，不過，如果長期間攝取硬度較高的水，則容易罹患結石。

⑤為弱鹼性

ＰＨ值為弱鹼性，這一點非常的重要。人體內的ＰＨ值一直保持七・四左右的弱鹼性。弱鹼性的水不會對生命活動造成負擔，能夠促進良好的活動。在鹼性水中，氯會成為無害的氯離子。根據國內的自來水的規定，自來水的ＰＨ在五・八～八・六的範圍內，而ＷＨＯ的規定則是ＰＨ值在六・五～八・五的範圍內。

根據松下先生的說法，目前自來水的ＰＨ為七・一～七・五左右。

⑥水的分子集團（水分子束）較小

這是松下先生所提出的劃時代的理論，能夠滿足前述五項條件的小的水分子束，則為「能夠與生命調和的水」。

⑦提昇並發揮活性氧消去劑（ＳＯＤ樣）及抗氧化物質的能力

活性氧，簡言之，是具有殺菌作用機能的物質，但相反的，會損害人體細胞，是促進老化的物質，同時具有致癌性。當然，人體具有去除活性氧的能力，其主角稱為超氧化歧化酶

（SOD），這個酵素必須要在好水中才能充分發揮作用。「細胞老化是氧化所造成的」，而要提昇對抗氧化的物質之能力，就必須滿足「好水」的條件。

滿足一切條件的「電解水」

現在為了尋求美味、安全、對身體好的水，衆人對水的關心度大為提昇。包括各種礦泉水在內，鹼離子水、生化陶瓷水、π水、遠紅外線水、溫泉水、歐姆水、處女水、磁氣水陸續出現，而電解水也是能夠滿足這七項條件的水。

松下先生擁有三萬種有關世界上自來水或井水的資料，利用NMR（核磁氣共鳴裝置）加以分析，發現長壽村的水平均為八〇赫（振動數的國際單位。指一秒鐘振動八十次），水分子束極少。

其中有的地區出現六〇赫的數值。在日本岐阜縣的下呂溫泉及宮城縣的鳴子溫泉的數值，則與亞美尼亞共和國的長壽村的酸度相同。自來水和雨水為一二〇赫。自古以來井水就被視為美味的水，但是根據分析的結果，卻有很大的差距，有的是數值較小的井水，有的井水

各種水和電解水的^{17}O-NMR（20℃）測定結果的比較

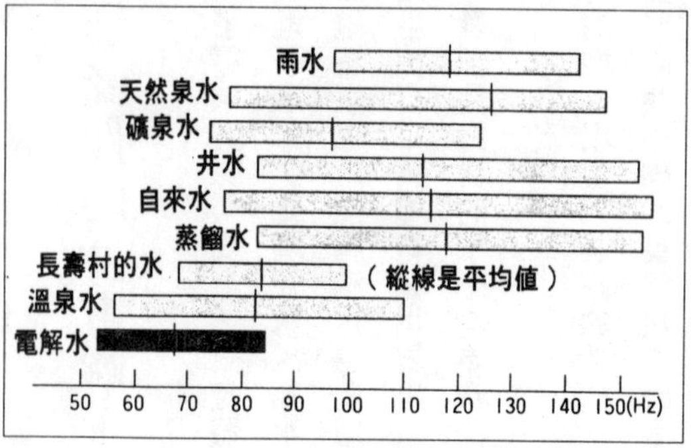

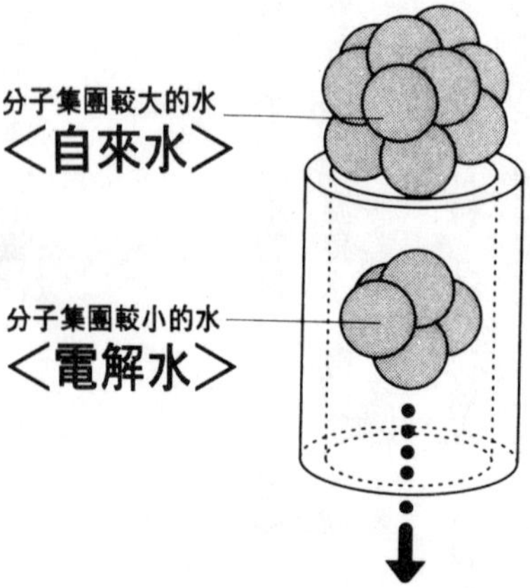

水分子束（分子集團）大小的不同

其數值卻與自來水相同。

礦泉水的差距和井水一樣都很大。以水分子束理論來說，就平均值而言，似乎礦泉水比井水美味，井水比自來水美味，此外，松下先生所居住的東京、昭島市的自來水、根據測量的結果為一二〇赫。但是這是利用電子充電器（ＴＵ型）充電四小時才使數值好轉到五五赫。而這是松下先生的資料中最好的一種（請參照比較結果表）。

水分子束較小的水，是指對細胞的滲透力與洗淨力較高，能夠輕易進入細胞內，能促進新陳代謝的水。

這種良質電解水能夠創造美肌。況且，即使喝再多的電解水，腹部也不會感覺不適，這是因為水分子束較小，消化器官的細胞能夠迅速吸收電解水所致。

食物中大部分都有水，好水當然能夠創造美肌。

對女性而言，最高興的是電解水能使人體恢復健康。

例如，白髮、掉髮、少年禿等也是與水有關，甚至有些例子顯示「喝電解水之後治癒禿頭」、「重現黑髮」。

創造皮膚的素材主要是紅血球，當血液污濁時，對美容而言當然是大敵，因此只要將血

自來水與電解水的 ^{17}O-NMR測定結果

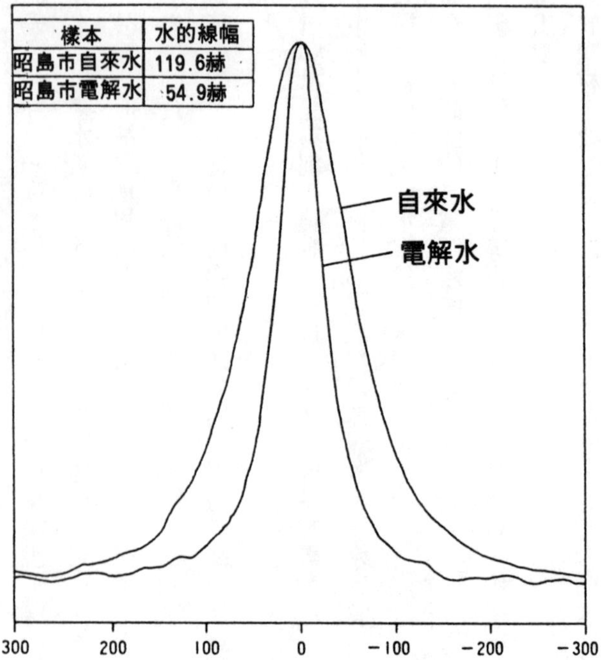

資料協助：生命之水研究所・松下和弘先生

液中含量占大部分的水，改變為良質的水即可。

持續過著飲用電解水的生活，漸漸地就能夠滋潤肌膚，減少小皺紋與斑點，血液潔淨，能夠順暢地流動。

對人類而言，到底一天要攝取多少水呢？

通常大人為二・五公升。其中飲用水為一・五公升，食物中所含的水分為一公升，攝入體內的水一定會排出體外，因此最多的時候尿液中為一・四公升，糞便中的水有一〇〇毫升，由汗、呼吸各排出五〇〇毫升的水，總之，會有二・五公升的水排出體外。

這些水分進出人體內外。

讀者們在生病時會去看醫生。

這時，有多少個醫生會對妳說：「水很重要哦？」

很遺憾的，妳一定很少遇到說這句話的醫生吧！但仍然有些醫生了解水的重要性，認為藉著水就能夠改善疾病。

松下先生認為異位性皮膚炎最近年輕人較多出現的皮膚炎，其中七～八成都是因為「自來水中所含有的氯所造成的」。

電解不足會造成「氧化」

對於電解所具有的特性，我持續二十幾年來進行研究，實證，注意到這個電解的，不僅是我而已，像已故的天才物理學家楢崎皐月先生是先驅者。

他在一九五七年就已經發表『靜電三法』說。認為自然的作用是藉著陰與陽，亦即正電與負電的作用而活動。人體是由六十五種元素所構成，人體的正與負作用，則具有氧化與還原的法則。

在此為各位簡單說明一下為何電子能夠創造美肌。雖然是使用專門的術語，但是加入具體的解說，以循序漸進的方式來說明，如果各位感覺乏味，那麼可以省略這一部分不讀。

自然界所有的物質，如果現在以微觀世界挖掘的話，發現是由一〇八種元素所構成的，仔細觀察這些元素，發現是由原子所構成的。再調查這些原子時，發現原子正中央有原子核，周圍有電子環繞，如果說原子是東京巨蛋棒球場，則電子有如網球般大。

「原子核的電子就如同人類夫妻」，你可以這麼想。原子的大小約為一億分之一公分。

在原子核中的陽子帶有正電，其周圍的電子雖小，卻具有負電。

依元素種類不同，陽子數也不同。電子與陽子若數目相同，當然能夠和睦相處，能夠巧妙的形成陽陰一體，保持中性，這個狀態就物質的性質而言，乃是最為穩定的狀態。

這時如有電子脫離，就會造成「氧化」;相反的，如果電子回來時就稱為「還原」，學習過物理的人都知道這一點。

妻子是陽子，丈夫是電子，兩人和睦相處，如果電子丈夫在妻子的周圍努力工作，就能保持平衡，使家庭圓滿，和平相處。

但是卻會發生困擾，也就是人類或生物的身體將近七成的水（H_2O）的組成物質氫，是一個陽子，一個電子，為一夫一妻制，保持標準的狀態。但是這個氫的電子很風流，容易脫離原子核（陽子），或陽子夫人可能過於大方，因此其他的女性能夠輕易地去引誘電子吧！

總之，電子脫離之後，陽子就會落單，在負電子逃離之後，正陽子獨自存在也毫無意義。這個狀態稱為「陽離子」。以水而言，容易形成腐爛。以鐵而言，鐵的原子成為陽離子化以後就會生鏽。所有的物質都是相同的情形。

我再重複一次，這個電子脫離，風流的現象稱為「氧化」。一旦氧化、物質就會腐敗，亦即老化。

在社會上，經常會出現這種氧化的情形。像水、食物、空氣、土等，自然界一切物質的原子、原子團都會有電子脫離。例如，擱在廚房的番茄、魚會腐爛，這就是「氧化」。只要記住「腐爛就是氧化的現象」即可。

此外，自然的荒廢、各種公害的實態、疾病、畸形、精神異常、焦躁等，其根本原因也在於此。

孤獨的陽子，當然想要找尋新的電子，不過，在環境污染的社會上，周圍都是氧化、腐爛的情形，因此電子較少。也不可能對他人重視的電子橫刀奪愛。於是自己也慢慢地腐敗了。

陽子雖然允許丈夫的風流，但是自己也「希望找尋好的對象……」個性十分的開放，如果有緣，也願意接納他人，具有這種優點。因此，如果過單身生活的陽子能與負電子再婚，那就很好了。

這種可喜可賀的現象稱為「還原」，是指電子附加在原子旁邊的意思，圍繞著我們的環境或水，如果有豐富的負電子，就能夠防止製造人類血液，體液之水的電子被奪走，所導致

腐敗與氧化現象

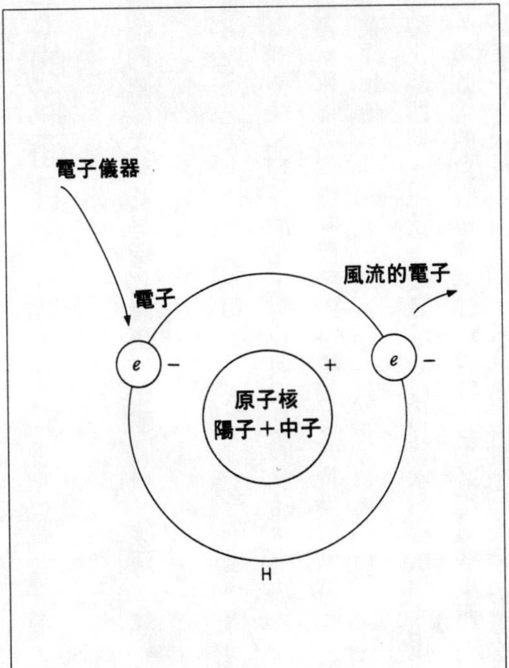

氧化＝老化現象的發生。

電解水撕下的假面具

我們每天所吃的食品大半都是受到農藥、化學肥料、酸雨、食品添加物等化學物質的污染。

也許你聽我這麼說之後，什麼都不想吃了。不過，給予這些食品電子時，就能夠抑制污染物質活性化，得到美味、容易消化、對身體安全的食品。

為何電子或電解水能夠保護身體免受害處較多的食品所傷害呢?首先我們利用實驗來說明，亦即由食品來作判斷。

電子栽培的梨、胡蘿蔔、以及一般栽培的食物放入電解水中，起初外觀相同，但是經過一段時間之後，一般栽培的食物會溶解成軟泥狀。不必吃這些東西，只要利用電解水來判斷即可知道。

電子量較多的食品氧化較少，被吸出的東西也較少，因此電解水也不會受到污染，而內

電子栽培與一般栽培的比較

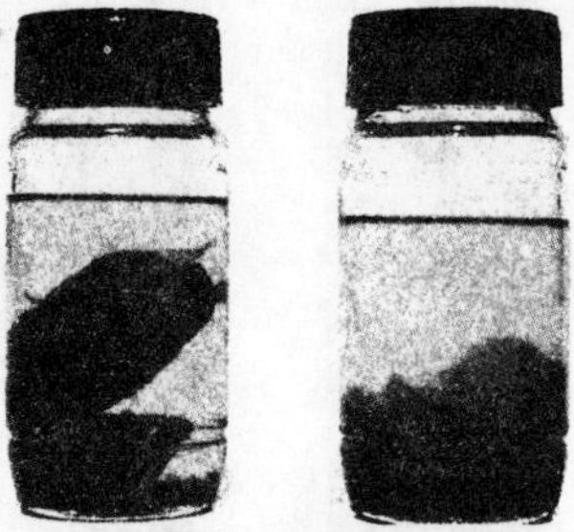

▲胡蘿蔔／左是電子栽培。

▼梨／右是電子栽培。

▼米／左是電解水。具有去泥效果。

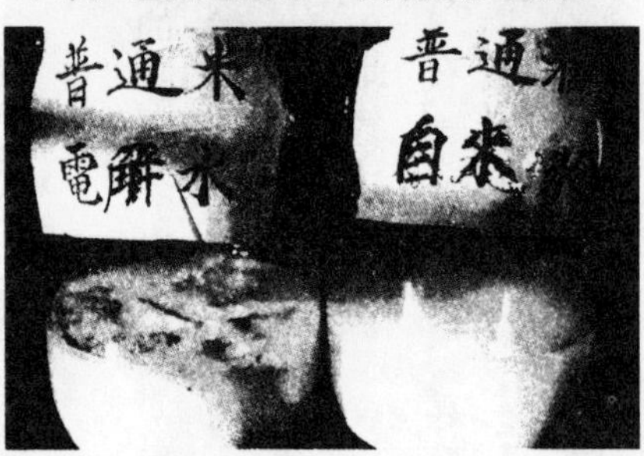

容物中既然沒有因為水而發脹，也沒有因為氣體而發脹，幾乎沒有變化。

相反的，由含有大量氧化物，因為氣體而發脹的細胞所構成的食品，當電解水的電子量增高時，會造成較大的電位差，水不斷地滲透，電解水進入以後，當細胞內與細胞外的水量相同時，食品內的不純物會被引出，形成泥狀。

如果使用的不是電解水，而是普通的自來水，則不可能從食品的細胞內引出泥狀物，相反的，這些泥狀物會藏身於何處呢?相信大家都已經知道答案了，就會進入吃這些食物的人的身體內。

還有其他的實驗，例如，用電解水栽培的小黃瓜的持久實驗，在此為各位介紹。

這是將用電解水栽培的小黃瓜和一般的小黃瓜加以比較的實驗。在二、三天內沒有什麼差距，但是過了一個月以後，大家都一目了然了。一般的小黃瓜會腐爛，而電子小黃瓜幾乎不會腐爛，小黃瓜的內容幾乎都是水分，因此如果裏面的水腐爛，當然小黃瓜也會迅速地腐爛。不過，用電子來培養時，細胞密度與普通的密度相比更細密二～三倍。每個細胞都是鮮活的，因此，細胞較能夠持久。

從母親這一代就用電解水飼養的牛，以及讓普通的小牛喝電解水而成長的牛，還有喝普

小黃瓜的保存實驗

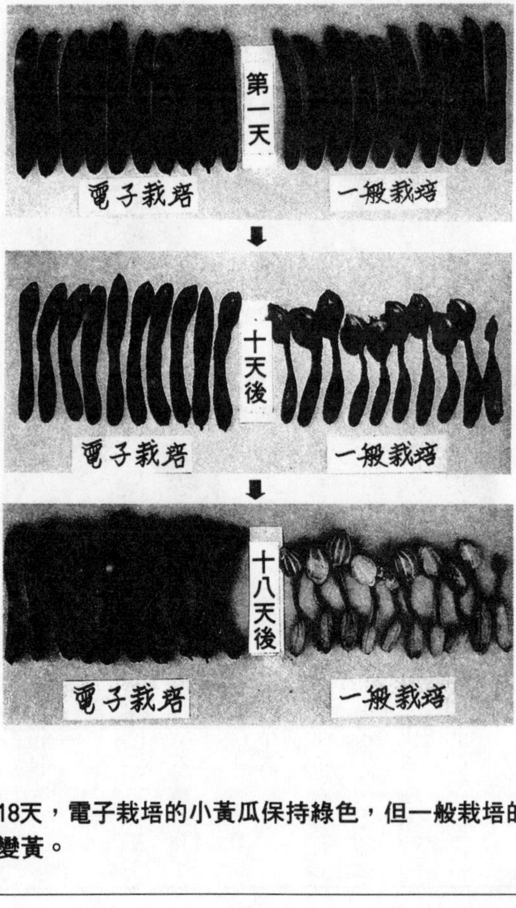

第18天，電子栽培的小黃瓜保持綠色，但一般栽培的則變黃。

用電解水飼養的牛與普通的牛的比較

血液比較。左為親子二代的電子飼養。中間為從小牛開始進行電子飼養。右為普通飼養。

8年後採取脂肪比較。左為電子飼養，右為普通飼養

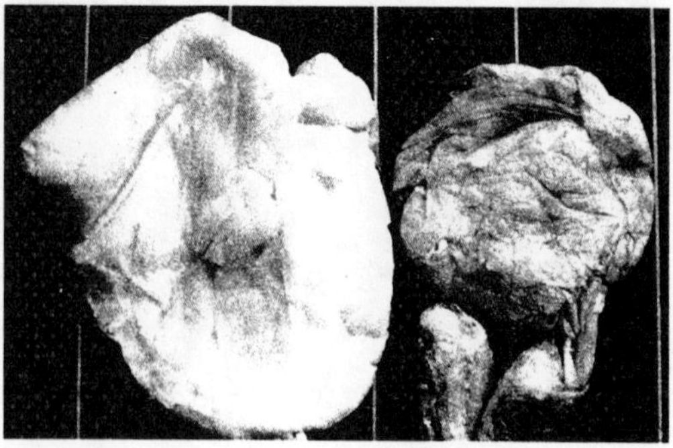

通水成長的牛三種，抽取這三種牛的血液並加以比較。

電子飼養牛的血液，兩者在二十四小時內都呈現美麗的顏色，不會發臭，但是普通牛的血液呈暗紅色，且帶腥臭。血液乾淨、當然脂肪、骨骼也健康。事實上，電子牛的脂肪經過八年之後也不會氧化，非常的白。由這種母牛所生下的小牛，是比母親更健康的牛。

創造美肌、破壞美肌的水

在此介紹動植物的例子，我認為「人類也是相同的情形。」

電解水能夠使人體的內容昇華為健康物質。

水與食品都是自然界給予人類的恩惠，隨著文明的發達，水與食品卻成爲充斥農藥與化學藥品的物質。

一年約攝取四公斤的食品添加物，在醫學發達的現代，我們還是會生病。

最近的孩子骨質脆弱，容易骨折，據說是缺乏鈣，但是我認為更重要的是「氧化」的問題。

一旦身體氧化時，連骨骼都會變得脆弱。人體是由六〇兆個細胞所構成的，而兒童在二年，大人在三年內會進行新陳代謝加以更新。由此可以算出一天有六〇〇億個細胞交替更新。如此一來，三年內就能夠交替活性化的良質細胞。然如果攝取劣質的食物，當然也會交替為不好的細胞。

肌膚會出現所有疾病的徵兆。

腎不好的人，臉部浮腫；口唇四周乾燥，則表示胃腸系統有毛病；易長腫疱，表示可能接近生理期了。也就是說，雖然表現在臉或肌膚上，可是卻能夠藉此了解內臟機能的狀況。

光是藉著正確的洗臉就能夠維持美肌，恢復美顏，這是我們所知道的，但是喝水卻能夠維持美顏、美肌。事實上，內在的護理較外在的裝飾來得更重要。

人體的七〇%為水分（血液、淋巴液等），其中存在細胞，如果使用好水，當然血液乾淨，細胞也能夠活性化。

電解水的水中含有較多的氧，是富含負電子的水，故能使身體得到健康，而拜乾淨的內臟與血液之賜，使得表面肌膚也會變得美麗。良質的水能夠創造美肌，劣質的水會破壞美肌，故水的威力可不小。不過，我們卻未察覺到水的力量，而每天拼命使用不良的水。

希望各位一定要使用電解水。

第四章

利用電解水創造美肌

電解水的效用

嬰兒的肌膚光滑，非常的漂亮，如果我說：「水對此會造成很大的影響？」你會感到很驚訝嗎？

嬰兒的肌膚含有很多的水分，因此很柔嫩，人體約七〇%為水分（這是成人男子的資料、嬰兒、小孩、女性的數值各有不同）。當然這是體內的水分量，而肥胖、脂肪成分較多的人，在全身體重當中，水分量相對地會減少。

當精子與卵子相遇成為受精卵時，一〇〇%為水分。成為新生兒出生時，水分減少為八〇%，持續成長之後，水分比率減少。高齡者減少為五〇%。

「隨著年齡的增長、肌膚喪失了彈力」、「因皺紋增加而感到困擾」，中年以後的人，常出現這些苦惱。水分減少是老化的一大理由。但是你應該不曾聽過孩童們說這樣的話吧！

外出流汗失去水分、室內的冷暖氣使空氣變得乾燥，急遽的溫差和濕度差破壞了生理機能，無法給予肌膚滋潤，因此，需要趕緊為肌膚補充水分才行。

體內的水含量（水分／體重）

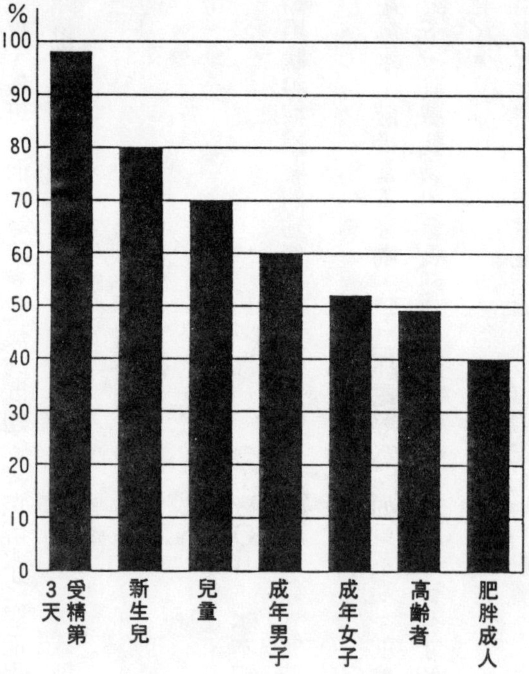

資料協助：生命之水研究所・松下和弘先生

美顏、美肌的重點在於「水」。在我這裏似乎為了證實這一點似的，很多人向我致謝並報告說：「斑點、皺紋、雀斑、面皰等肌膚乾燥的問題，拜電解水之賜而得到改善。」

接著，為各位介紹實際活用電解水的女性們的心聲。

●實證體驗報告

①「不再長腫皰」

（工廠ＯＬ　水本和子‧二十一歲）

二年前醫生診斷甲狀腺荷爾蒙的功能不良，必須定期到醫院門診、當時，覺得身體容易疲倦，出現無力感。

後來嘗試飲用電解水，飯後當茶來喝，喝二杯電解水。如果不喝，就會感覺胃部不適、胃灼熱，在這種情況下，肌膚乾燥，會長腫皰。最初以為是面皰，後來才知道那是腫皰，覺得肌膚已經開始老化了。

但是，認真飲用電解水時，腫皰就能痊癒，恢復原先光滑的肌膚。

我才二十一歲，飲用電解水之後，肌膚變美，自己也能夠察覺，家人們也飲用，胃腸的狀況比以前更好了。

長時間飲用電解水之後，能夠判斷食物的好壞，和公司的同事一起用餐時，雖有食慾，但有些食物難以入口，如果勉強吃，也會出現下痢或噁心感，破壞身體。

我知道自己的身體變得敏感了。

②「去除便秘，肌膚變得光滑」（營業　深野由果利・二十八歲）

使用電解水已有八年的時間了。在此之前，因為嚴重的便秘而煩惱，滿臉都是面皰。一日喝三公升以上的電解水，同時學會了洗淨腸的方法。不到一年的時間，便秘去除，也不再長面皰，更令人高興的是，以往的面皰疤痕也一掃而光。

我早上起來時喝一杯水，在吃早餐之前再喝一杯，用完早餐之後，自然就能夠產生便意，每天早上都能順利地排便。上午多喝些電解水，對體調有所幫助。

在泡澡時，利用電解水拍打臉部，肌膚也充滿光澤，容易上妝。

將電解水裝入小型噴霧中，化妝以後，噴在臉上，具有固定妝的作用，同時自然、好看。

大量飲用電解水，泡電解澡，能使肌膚紋理變得細緻、美白。

③「短期間內治癒了異位性疾病」

（醫院事務員　井川幸子・二十七歲）

從中學時期開始，就罹患嚴重的面皰，尤其是考試的壓力時，更是奇癢無比，與美顏、美肌無緣。臉部與四肢肌膚乾燥，甚至出現「結痂」，一旦變硬，就會從皮膚上掉落下來。因為症狀不曾間斷，因此認為自己這一生與化妝無緣。

我在大醫院從事事務工作，因此成為皮膚科醫生的研究對象，建議我使用各種藥物，但均無效。異位性疾病與我相處了十年，已經嘗試過各種的治療與藥物，一切努力都枉然。夏天也不能夠進行海水浴。

後來，接受朋友的建議，開始嘗試電解水的效果。

首先，用電解水蒸臉半個小時，感覺很舒服，甚至在中途睡著了，但是進行一次之後，肌膚的顏色就改變了。以前不論如何努力，都沒有「治好了」的實際感受，但是這一次截然不同。

「我確信電解水能夠治好我的病！」於是中止一切的藥物，每天用電解水蒸臉，且飲用電解水。在泡澡時也利用電解水二十公升，全身肌膚得到改善。

一個月以後，結痂大量去除，而且，異位性皮膚炎特有的膚色也變成普通的顏色。後來，只剩殘留在左手手腕部份的結痂，但是我相信假以時日，一定能夠痊癒的。

電解水治好我的病，在醫院也成為話題。理事長非常的關心，表示要加以研究一番。

④「治療曬傷的電解水」（ＯＬ　坂上幸與・二十二歲）

夏天日照強烈，皮膚容易曬傷、泛紅、發燙、刺痛。我無法抵擋夏日的陽光，每年夏天都得接受電解水的照顧。

將浸泡電解水的脫脂綿或手帕鋪在曬傷的部分，藉此能消腫，止痛，覺得很舒服。

因此之故，夏天結束後也不會殘留斑點。

電解水是最好的曬傷藥。

⑤「電解水是最好的化妝水」（金融ＯＬ　渡邊敬子・二十七歲）

我每天飲用二公升電解水，朋友都說我的肌膚光滑、充滿彈性。

我幾乎不化妝，只是塗上淡淡的口紅，化妝水撲鼻的味道，令我感覺不適。

我常常利用電解水拍打臉部，用電解水拍打時，不必擔心異味，感覺清爽。

外出時，將電解水放在小型的容器內，再用衛生紙或手帕沾少量電解水拍打，方法很簡單。

比起化妝水而言，使用後產生滋潤感，十分的清爽，對我來說，電解水是不可或缺的「化妝水」。

（貿易ＯＬ　臼田有香・二十一歲）

⑥「電解水的潤絲效果極佳」

洗完頭髮之後，用電解水清洗。

即使用吹風機吹乾後，也能產生柔順感，頭髮很容易梳理。

朋友們都問我秘訣何在，我當然告訴他們是使用電解水。

但是，大家都不敢相信。

光是藉著水就能擁有柔順、亮麗的頭髮，的確是令人感到很不可思議。但是效果確實很好。

⑦「噴灑電解水容易化粧」　　（區公所職員　西田好，二十二歲）

我每天在用肥皂清洗之後，會利用電解水來噴臉，再用手拍打、按摩，並沒有用毛巾擦拭，直接塗上少量的普通乳液，這麼做就容易化妝，對於不懂化妝的我而言，也能夠化出好妝來。

嘗試利用電解水三個月以後，大家都說我是化妝高手了，其實這一切都是拜電解水之賜。

⑧「恢復視力、眼睛清晳」　　（教師　山下陽子・二十七歲）

到目前為止，我對於美容並不會很在意，開始飲用電解水之後，體調的好壞自然地表現在臉上，肌膚充滿彈力，富於光澤，眼睛閃閃生輝。

以往在外吃飯時，廢氣容易積存在腹部而發脹，但是，現在我會利用電解水來改善這種症狀。同時，能夠大量地飲用。我的視力不良，眼球乾澀，視線模糊，這時電解水能夠發揮作用。

不必拿掉隱形眼鏡，從眼瞼稍微滴一點電解水，就感覺視力復原，眼睛變得清晳，能夠去除眼白的充血。

⑨「體重減少十公斤」

（主婦　田中由起子・四十歲）

就讀國中三年級的女兒，從小就容易感冒，在迎向四歲快過年的年末，感冒發燒，過年之後接受檢查，醫生診斷是肺炎，建議立刻住院。

雖然進行治療，但是高燒一直不退，進行結核菌素反應測試，醫生診斷患了小兒結核，每天持續注射鏈黴素，但因為存在副作用的問題，只好為女兒辦理出院。

之後接受衛生所的指導，每二週到醫院拿藥一次，但是最後還是放棄服用而依賴漢方藥，二年後醫生說「完全治好了」，這時我們才鬆了一口氣。

不過，後來感冒仍然常患，夏天在冷氣房中待太久時，喉嚨會疼痛，繼而咳嗽，因此盡量不帶她到公共場所。

「長大之後就不要緊了。」雖然很多朋友這麼說，但是月經開始之後，有頭痛、腹痛的煩惱，每個月都要向學校請一次假。國二時甚至請假十六天。

從兩年前開始，十天喝一大缸的電解水。在寒假期間變胖的女兒對我說：「喝這個水之後，好像變得苗條了。」原來是減少點心的攝取量，在肚子餓的時候就喝這種水，三個月後，體重減少了十公斤。

而且，與耳鼻喉科逐漸絕緣。國三時，從未缺課。

原本早上會賴床的孩子，最近就算用功到很晚，次日早上也能夠輕鬆地起床。聽到她活蹦跳下樓梯的聲音，就知道她的體調很好，臉部的腫皰利用電解水拍打之後，也逐漸地痊癒了，甚至還把電解水裝成小瓶帶到學校去了。

⑩「二個月內減輕八公斤！腰痛、肩膀酸痛痊癒」　（職員　山際典子・三十二歲）

「想要減肥，因此利用電解水與漢方向減肥挑戰。」

我實行減肥的基本方法，並不是限制飲食。雖然節食能夠減肥，但是容易焦躁，不利於精神衛生，且可能會出現「回胖」的現象，非常可怕。可能會爆發慾求不滿。

一天喝二公升電解水。與普通的自來水不同，即使喝再多的電解水，也不會覺得發脹，而且因為美味，故能夠大量攝取，當然也利用電解水來烹調。在平常的生活中納入電解水，這是重點所在。

一個月以後，臉頰消瘦，因為水而鼓脹的腹部也變得非常清爽，體重減輕。二個月內，體重從六十三公斤減為五十五公斤，成功的減輕了八公斤。以前要穿十三號的衣服，現在只要穿九號即可，發胖時，衣服的種類都會受到限制，可以說損失頗多。

減肥之後，不但沒有這種苦惱，同時連腰痛與肩膀酸痛也一掃而光。電解水對我而言，有一舉三得之效。

第五章
從身體內得到淨化

在美容上展現大成果的電解水

詢問美容專家，知道在美國的美容法中已經納入了「水」的技術，但是為何到現在為止才注意到水的存在，我感到很不可思議。

因為二十幾年來一直進行電子生活的指導，二十萬名會員具有共通的認識，那就是「電解水的美容效果。」

在家庭中使用電解水的女性，肌膚紋理細緻，與其他的女性相比，自己擁有年輕十歲以上的肌膚。甚至去年九十歲往生的家母，在澡堂看到她的背部，還以為她是少女呢！

每天喝電解水、泡電解澡的人，就都能夠了解這一點。效果十分的明確。

不光是能從外在展現肌膚美容的效果，也能從身體內部進行美容，這就是電解水的偉大效用。

某健康道場，在十年前就導入特大的電解水製造裝置。

在這兒有個方形之處，其中放檜木屑，然後滲透酵素使其自然發酵，再將身體埋入裏面，去除體內的毒素，促進新陳代謝，一直是採行這種健康法，很多的醫生或經營者都會參加五天四夜的住宿活動，在健康道場調養身心，往往要事先預約，極受人歡迎。

在這裏所實施的酵素斷食、酵素澡的重點，亦即酵素的促進反應機能，其關鍵在於電解水，關於這一點，筑波大學應用生物化學系的教授向高祐邦博士，已經在學會以『電解水促進酵素反應』為題加以發表，經由科學的方法，也加以實踐證明。

能夠治癒疾病

利用電解水改善疾病的心聲，在前著『健康秘訣在於電子』以及『電解水改變你』中為各位敍述過了。

例如，日本的醫院，將水活用於治療上，展現劃時代的成果。在神戶的某家醫院，準備好含有水分子束較小的水的水槽，讓患者自由飲用。此外，在飲食方面，也使用相同的水，結果令人滿意。

在這些報告中提及「患者排便順暢」。治好頑固的便秘，去除惡臭，即因為腸內的細菌活動旺盛所致。

通常病人的糞便很臭，尤其是像癌症、糖尿病、白血病等患者，其糞便帶有惡臭，當然這些患者希望自己的病情能夠得到改善，因此都希望能泡電解澡。

由我的研究所提供技術協助的某公司，在全國的分店與營業所讓成為體驗會員的人自由泡澡。泡澡後，洗澡水（電解水）很髒，必須替換，由此可知身體溶出了很多污物。關於吸出污物的力量，在蔬菜與動物的資料中已經說明過了，以病人為對象時，威力更是驚人。

會產生臭便，即因為棲息在主人腸中微生物的功能不正常所造成。腸內引起異常發酵，製造出有害的物質，宿便積存，而腸本身的吸收就更差了。

人體的腸中棲息著一〇〇種、一〇〇兆個微生物，像著名的雙叉乳桿菌即為其中之一。製造惡臭的就是大腸菌等，而且不僅是臭，當從腸管運送到肝臟要分解時，會對身體造成很大的負擔，當體內存在這些有害物質時，會對肌膚造成影響。

一旦身體內部不良，肌膚也不可能變得美麗。

展現美肌的飲食

「製造美肌的秘訣在於每天的肌膚護理」。從前述的說明，相信各位已經察覺到這一點了。

但是有一點不容忽視，那就是「創造美肌的秘訣在於改善飲食生活」。

對於美肌來說，肌膚護理的確是重要的技巧，但是這只是表面的對症療法而已。其證明就是當體調不良、疲勞、焦躁時，美肌也會受到破壞，自然肌膚一旦不良，當然無法好好的化妝。這時光靠護肌，無法解決問題，最重要的，就是正確的飲食生活。

那麼，要如何做才是正確的飲食生活呢？

美肌的秘訣，就是以高蛋白質、高維他命、低脂肪為基本要件。再加上醣類、礦物質在內，即是一般所謂的五大營養素。

對美肌而言，特別不可或缺的要素，就是蛋白質和維他命。

皮膚是由蛋白質所構成的，保持皮膚彈力的膠原成分也是蛋白質。維他命當中的維他命

A、能夠防止肌膚乾燥、維他命B_2、B_6能夠保護肌膚，對於皮膚與毛髮的發育而言，十分的重要。一旦不足，會引起濕疹或糜爛等問題。

能夠幫助皮膚再生與荷爾蒙分泌、防止黑色素形成的，就是維他命C。出現斑點或容易產生皺紋，即因為維他命C的缺乏所造成。

能夠預防老化的，就是維他命E。維他命E有「恢復青春的維他命」之稱。

到底要從哪些食物中攝取這些營養素呢？在此簡述如下，以供參考。

〈蛋白質〉

肉類、魚類、牛奶、蛋、乳酪、酸乳酪、大豆等，在意面皰的人，要避免吃脂肪含量較多的食品、為避免膽固醇值上升，則避免攝取動物性油脂，使用植物性油。

〈維他命〉

含有維他命A的食物為鰻魚、肝臟、胡蘿蔔、菠菜等。而維他命B_2、B_6主要包含於魚類、納豆等豆類，以及黃綠色蔬菜中。維他命C包含於草莓、番茄、檸檬、青椒、馬鈴薯、蘿蔔、蕪菁等根菜類中。維他命E包含在鮪魚、菠菜、胚芽米中。

當然，並不是說今天攝取了這些食物，馬上就能夠擁有美肌。不過，攝取這些營養均衡

Beautiful

的食物，一定能夠使你擁有美肌，現在就將這些食物納入自己的飲食生活中吧！

食物的素材要選擇真正的好東西

在此，還要注意下列一些事項：

①雖然不包括在前述的營養素中，但是海藻類也是具有製造美肌效果的食物。在昔日，認為海藻類是創造黑髮的根源，備受重視。海藻類能使對美肌而言非常重要的副腎及甲狀腺機能亢進，使血液循環和新陳代謝旺盛，創造美肌。一旦這些機能遲頓，肌膚就會乾燥、浮腫，增加皺紋。

②如果每天用餐時間不規律，或只吃喜歡吃的東西，當然無法得到美肌的效果。對減肥中的女性而言，更是如此，應該要攝取多種類的食品。

③最困難的問題是，要過著正確的飲食生活，觀察最近國內的飲食生活，發現前途一片黑暗，因為含於食品中的食品添加物與農藥造成問題。

國人每人平均一年要攝取四公斤的食品添加物。這與營養完全無關。「含有防腐劑的食

關於電解水的新聞報導

魔法の水に科学のメス

電子　磁場

官、民で効能解明へ

電子水や、飲料や農業用水として注目を集めている。「体によい」「農産物に優れた栽培効果がある」と評判なのだが、なぜ効能があるのか科学的には未解明だ。そんな中で、この「魔法の水」のメカニズムに光を当てようと、農水省と民間企業が近くそろって電子水や磁場水の成分・効能解析の研究に取り組むことになった。

電子水を試飲する人たち（大阪府箕面市の電子水メーカー・ショールームで）

▲山形県新庄市で採れた電子農法の稲（右）は穂が長く、実も多い。左は慣行農法の稲。

6年がかりで植物栽培実験

1994年6月23日　讀賣新聞

品，能夠長期保存」，「加入著色料，看起來美味」，這是應運流通方面的要求而造成的。

聰明的消費者要選擇無農藥、低農藥的食物，要購買對身體好的食物。例如我們的研究所透過電子農法進行技術協助的「合歡鄉」（三重縣濱島町），是號稱一年住宿的旅客及當天往返的旅客各自有十三萬人的休憩地，為全國著名的休閒地。那兒的負責人櫻井有如下的說法。「因為草莓最能夠產生明確的結果，故在開花之前，有的澆電解水，有的不澆，進行比較實驗，發現產生極端的差距。澆淋電解水的地方雖然排水不良，但是草莓不會腐爛，而且結實纍纍。採取的草莓，即使經過十天，也不會腐爛，只是略微萎縮而已。

並且比較數十種蔬菜的維他命C值（由國立營養研究所測定），發現與一般蔬菜的差距平均為十倍。

負責人說：「客人常表示『到了合歡鄉，孩子變得愛吃蔬菜』，這是因為蔬菜味道完全不同的緣故。孩子不是討厭吃蔬菜，而是不願意吃難吃的蔬菜，能夠做出正確的選擇。孩子的舌頭十分敏感。」

如果你也吃蔬菜等食品，那麼請你選擇用電子農法製造的真正食物。

利用電解水改善美肌的大敵「便秘」

改善飲食生活得到快食的效果，接下來就是快便。有進就有出。「快食快便」是美肌的重要秘訣。

數個月前發生了這麼一件事。我認識的一對年輕夫妻來到了我的研究所。我請他們吃用電子畜產作的「涮涮鍋」。這位妻子是一位美食家，她吃得津津有味。

但是，她的丈夫G君卻說：「她的宿疾是便秘。」吃了這麼多，如果有便秘現象，那可就不妙了。事實上，我很擔心，因此下定決心問她「妳幾天沒有排便啦」，她回答：「二週沒有排便了。」這可不巧呀！

便秘，即因為腸無法發揮正常機能而造成的，用顯微鏡觀察時，發現腸附著無數如海葵般蠕動的纖毛。如果能好好發揮機能的話，那還不要緊；如果持續過著不規律的飲食生活或睡眠不足，或持續過著充滿壓力的生活，則腸的活動會變得遲頓。這時食物的殘渣蓄積在腸內，就會造成「宿便」的增加。

腸內存在著重要的腸內細菌，幫助分解我們所吃的食物。

當宿便大量積存時，這時腸內細菌無法發揮正常的作用。進入腸內的食物和水不好的話，就會引起異常發酵，而製造出對「宿主」造成不良影響的毒物。下痢或便秘就是其中的代表。如果排出的便與屁很臭，那很明顯的就是異常發酵了。

這種廢氣都是硫化氫、氨、組織胺、亞硝基胺，酚等有毒性的物質，養在硫化氫的濃度較高處的動物，也會因此而死。重症肝病患者會陷入昏睡狀態。就是因為血液中的氨所致。

因此，消化不良時，營養無法到達體內，由腸管吸收的毒素刺激皮脂腺，使肌膚乾燥，也會長面皰、腫皰。

要防止便秘，就得充分攝取牛蒡、甘薯等富含食物纖維的蔬菜，避免運動不足。當然，紓解壓力也很重要。但是，最重要的是，喝「對健康好的水（＝電解水）」，使腸內細菌活性化。

稍後會做詳細的說明，像電解水、電解澡及利用電解水洗淨腸，活用這些方法，就能夠在去除腸內宿便上展現效果。

我將電解水與洗淨腸的器具送給G君，G君的夫人立刻實行，後來她說：「去除長年頑固的宿便，腸的狀況良好，從原因不明的頭痛中解放出來。」

如果你不知道原因，但總感覺體調異常，那麼可能是便秘。

若利用瀉藥處理便秘，會對內臟造成多餘的負擔，同時也存在無法利用自己的力量排便的危險性。因此，只要利用電解水洗淨腸，就能夠安全地奏效了。

過敏是警告訊號

有一個餵貓吃油炸食品的實驗。

然後調查初代（亦即吃調理食品的貓本身）以及這隻貓的孩子（第二代）與孫子（第三代）罹患皮膚炎、鼻炎的情形。

結果初代五％罹患皮膚炎、鼻炎等過敏症狀。第二、三代的情形又是如何呢？

結果各自為五五％、九五％。這就是「生態濃縮」的原理。也就是到了子孫那一代時，不好的東西會濃縮。這是貓的例子。但人類也適用於這個原理。

讀者中五％的女性，因為食品添加物、農藥、公害、酸雨等原因而出現花粉症、異位性皮膚炎的症狀。在子女那一代，則有五五％，亦即二人之中有一人會因此而痛苦，到孫子那一代，幾乎都會出現過敏症狀。而這個威力不斷地濃縮，實在是可怕至極。

在這種意義下，我認為過敏應該算是一種警告訊息。

決定子孫體質的因素就在於你，為避免後代子孫埋怨，你有責任使得自己的子女、子孫都得到健康。

最近，認為因為食物而造成症狀，就是異位性皮膚炎，很多人活用電解水之後，改善了異位性皮膚炎。

異位性的希臘文是「奇妙的」意思。是現代醫學不明原因的疾病。

例如，對雞蛋產生過剩反應體質的孩子，如果不吃雞蛋，就能夠去除異位性皮膚炎，但原因也可能在於牛奶或大豆身上。

最近增加的，則是因為主食的米或小麥等原因而引起的異性皮膚炎。雞蛋、牛奶不吃尚可，但是主食不能省略。目前國內雖然進行無農藥栽培，但是長年使用過的農藥殘留在泥土中，故食物中多少還是有農藥殘留。

不過，這一類的孩子如果更換米的話，就不會再出現異位性皮膚炎。因此，將無農藥栽

Allergie

培米精製三次給因為米而引起異位性皮膚炎的孩子食用之後，發現有的不再出現症狀，有的即使出現症狀，程度也很輕微。

「互捏手背」的異位性皮膚炎

在以前，我不曾聽過異位性皮膚炎或過敏的症狀，這算是一種文明病。

一九九二年，日本厚生省公開發表對於過敏疾病的全國調查的結果。顯示因為濕疹、鼻塞等過敏症狀而痛苦的日本人三人有一人，而且都市居民這種傾向更強。因此，認為與其注重「都市部住宅價格昂貴」的問題，還不如注意「都市部生命危險」的問題。

的確，在都市，像汽車、卡車排放廢氣成為司空見慣的事情。而道路工程也經常在鋪柏油。在此環境中生活，當然會出現一些過敏症狀。

以花粉症為例，不見得是在家中的蟎或杉木花粉所造成的。也許這是引發的關鍵，但是有的人在同樣的環境中都若無其事，有的人則需要不停地服藥。因此，反應的體質本身才是問題所在。

因為過敏而苦惱的人增加了，但其原因不明。可能與大氣污染、水質污染、化學製品等有密切的關連。人體的構造非常奇妙，當異物侵入時，會想要加以去除，因而會打噴嚏、咳嗽、流淚。

不過，當外敵增多時，這些防禦機能無法應付，這時就會製造出免疫球蛋白抗體來。這個抗體展現活動時，就會放出引起發炎症狀的化學物質，而引起氣喘、濕疹、打噴嚏等過敏的症狀。其中會出現伴隨發癢的紅色濕疹、這就是異位性皮膚炎。

異位性皮膚炎等的對症療法，就是活用類固醇等抗生物質。但是這只能使症狀暫時好轉。用類固醇對抗發炎症狀，就好像是玩「互捏手背」的遊戲一般，只會使得情況越演越烈，必須使用強烈類固醇藥物，才能夠抑制症狀。任何過敏疾病採利用藥物的對症療法，根本無法完全治癒疾病。

最近備受注目的是異位性皮膚炎，一般認為是屬原因不明的疾病，目前詳情不得而知。以小孩較多出現，在ＰＴＡ的場合，這是經常會成為話題的疾病。

甚至有的人連續十年都利用類固醇劑來治療異位性皮膚炎。症狀首先是頭部和顏面出現紅色糜爛的濕疹，有時候會結痂，但是同樣的濕疹卻會擴散到手腳。到了成人期以後，皮膚如大象一般厚，且出現嚴重乾燥的情形。最令人感到困擾的是，成人型的異位性皮膚炎不易治療。

以前認為這是孩子的疾病，過了青春期以後就能夠痊癒，但是現在即使是大人、甚至高齡的患者，也為數不少，是非常嚴重的狀況。

我也曾見過長年來為異位性皮膚炎所困擾的患者，據本人的說法是「沒任何徵兆顯示病情何時會好轉」。的確，雖然藥物能夠暫時抑制症狀，但是病情時好時壞，以後又必須使用更為強力的藥物，確實是棘手的疾病。

利用電解水蒸氣改善異位性皮膚炎

利用電解水改善異位性皮膚炎的人不計其數。

在日本三重縣的某家藥局，其主人執著於「美和健康」，他的妻子是一位美容師。最初二人將電解水納入自己的生活當中。後來又開始利用電解水蒸氣進行真正的電子美容法。躺在儀器上，全身沐浴在電解水中，或使用電解水蒸氣，以及利用電解水化妝品，就能夠加以

good Feel

護理。亦即「製造電子的美容法」。

有關電子的護理，則是全身都進入電子中，因此，不僅是異位性皮膚炎的臉部問題，甚至能夠應付全身的問題。當因為異位性皮膚炎而感到痛苦（發癢、疼痛、腫脹）時，就能夠實際感受到電子的好處了。

就好像沐浴在森林浴中享受新鮮的空氣一般，在結束護理之後，整個人恢復了元氣，肌膚也煥然一新。

「粗糙的肌膚變得光滑」、「斑點變少」、「斑點變淡」、「容易上妝」、「面皰減少」等等喜悅之聲陸續傳來，甚至有很多異位性皮膚炎而放棄治療，嚴重的面皰患者，斑點明顯的人，因症狀改善而能夠踏出戶外。

一位成人性異位性皮膚炎之體驗者的來信中寫著：

「使用電解水蒸氣經過一個月，症狀大為改善。現在已經過了半年，沒有人知道我是異位性皮膚炎患者。一次的處理，使得紅色的肌膚恢復為原來的膚色。發癢的症狀也減輕。在享受電解水蒸氣時，竟然因為舒服而睡著了。

罹患異位性皮膚炎之後，已有好幾年不曾有過如此悠閒的心情，第一次體驗這種電子處

利用電子充電椅與電解水蒸氣進行真正的美容法

▲電子充電椅與電解水蒸氣（右為電子充電）

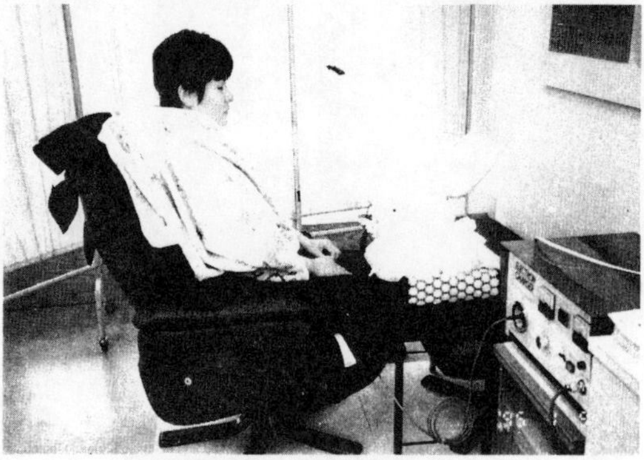

▲對全身進行電子充電

理的方法，使得異位性肌膚煥然一新，我都能夠自覺到其好處。這是好東西，能夠相信它而持續使用，真是太棒了。」

此外，在前述所介紹的藥局體驗電解水蒸氣的女性的迴響之聲如下：

①皺紋減少。
②乾燥的肌膚變得滋潤。
③使用一次電解水蒸氣之後，就治好臉頰上紅色的濕疹。
④面皰痕跡去除，肌膚變得柔軟。
⑤泛黑的臉變明亮了。
⑥肌膚滋潤、感覺舒服。
⑦早上起來時，乾燥的異位性皮膚不再感覺疼痛。
⑧斑點消失、變淡。

由此可知，包括異位性皮膚炎在內，對於肌膚任何的問題，則利用電解水使細胞活性化、新陳代謝旺盛，都能夠安心地使用。

當然，為了維持美肌，即使沒有肌膚問題的人，也能夠使用電解水。可以用電解水洗臉，或打好粉底之後噴灑電解水，具有固定妝的作用，同時能夠補充水分。此外，可以使用噴霧器而隨時取用。

利用電解水蒸氣、能夠真正地補充水分。在容器中放入電解水，只要讓肌膚籠罩在水蒸氣中即可，至少要蒸十五～三十分鐘。往往「因為過於舒服而在進行途中睡著了」，或是「下班後一定要使用電解水蒸氣」、「能夠紓解壓力」等，極受人歡迎。另外，也有「電解水對異位性皮膚炎及改善體質具有卓效」的報告。因此，不可輕言放棄，一定要嘗試電解水美容法。

洗淨陰道與腸的美肌效果

某位四十歲以上的女性，擁有光滑細緻的肌膚，我在好奇之餘不禁問道：

「妳的美肌、美顏的秘訣是什麼呢？」

「洗淨腸與陰道。」這是她的回答。

「為什麼要這麼做呢？」

「歐美女性子宮癌患者較少的理由即在於此。」

我對此回答並不愕然，反而認為「的確如此」。

歐美女性子宮癌患者確實較少，我認為這可能與洗淨陰道的習慣有關。

我們飲用電解水經過吸收之後，最快到達的部位是腦與子宮。有句話說「女性是用子宮來思考」、腦和子宮的確有關。

體驗者利用電解水洗淨陰道與腸之後，有如下的感想：

①頭腦清晰、不會頭痛。

②乾淨的電解水送入子宮細胞與腸的細胞，因此能夠淨化血液、體液。

③不會長腫皰。

④去除便秘。

⑤長年持續進行，能擁有年輕的肌膚。

⑥不會肥胖，非常苗條。

⑦陰道肌肉柔軟，能夠安產。

⑧拜陰道肌肉柔軟之賜，能夠享受美好的夫妻生活。

洗淨腸、陰道用品

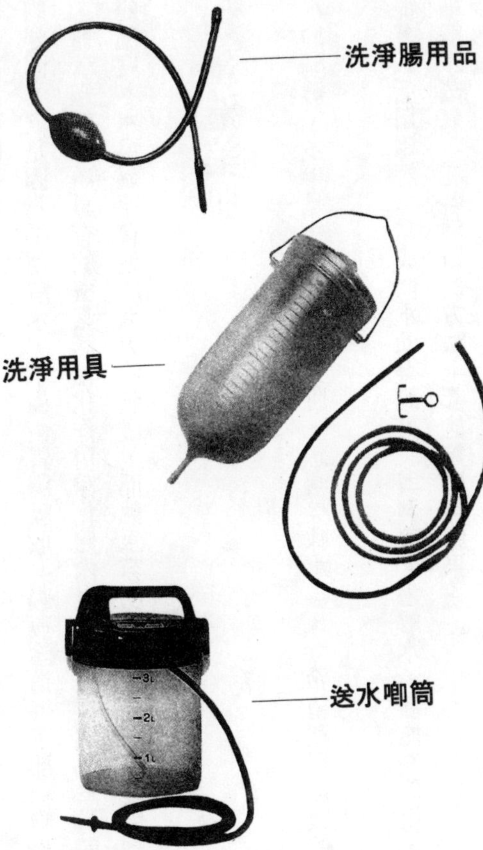

另外，也有其他各種不同的報告出現。感想較多的是「肌膚年輕了十歲以上」、「解決面皰、斑點、乾燥等肌膚問題」。

這些效果的要因，就是因為喝電解水，不僅由胃腸吸收、腸與陰道等下部細胞也能夠直接吸收電解水，藉著電解水所具有的酵素活性化作用淨化體內之故。但在洗淨陰道與腸時，要注意電解水的溫度。水溫過冷會造成太大的刺激，而熱水容易造成燙傷，故要恰到好處。

電解澡能夠創造美肌

活用電解水的關鍵，多半是「想要創造美肌，想喝美味水」、「希望利用健康的水作菜」。

事實上，很多人活用電解水當成飲水而得到美肌與健康。電解水不僅能夠飲用，也可以噴灑，或利用電解水蒸氣，在各種新的方法上都能夠展現成果。

會員大都採用「電解澡」。這是以全身為對象。亦即「創造美肌、美顏的秘訣」。

我們的自然肌膚處於比體溫稍高的溫度下，狀況極佳。美肌需要攝氏四三度。這是與胃腸內部相同的溫度，也是呼吸的皮膚容易活動的溫度，雖然有些熱，但是以此溫度進行電解澡，就能夠使肌膚的每個細胞都擁有電子。

「老化就是氧化」，這在前面已有說明。要使氧化的肌膚還原，就得利用電解澡（參照圖片）。在重新裝潢或搬入新屋時導入電解澡的家庭逐年增加。如果住在公寓、大廈中，可利用家庭用電解水生成器『純淨21』製造電解水，飲用或作菜後所剩的電解水可倒入浴缸中，再加入水來泡澡，效果極佳。

要花較長的時間慢慢泡，這是秘訣所在。一邊泡澡一邊大量飲用電解水。從體外泡電解澡補給電子，體內則攝取電解水，使得身體內外側兩面都能夠充滿電子。以這般方式泡電解澡的女性有如下的感想。

①肌膚鮮活。

②泡得再久也不會感冒。

③能夠輕易地去除污垢。

④流汗不止。

具有這些共通的特徵。「即使長時間泡澡，手指和臉也不會腫脹」。所謂，「腫脹」，

創造美肌的電解澡活用法

由皮膚吸收電子。邊喝電解水邊泡澡，能使效果加倍。

▲最初只要花十五分鐘泡澡即可。習慣之後，逐漸延長泡澡時間亦可。

即意味該部分缺乏水分。泡電解澡時，當然不會使得細胞的水分不足。

聽到「電解澡」，也許你會聯想到「觸電」而心有不安。但是不必擔心這個問題，因為電解澡與普通的電氣澡不同。電解澡不會觸電、請安心吧！而且感覺異常地舒適。

一旦經歷過電解澡之後，就會深深地愛上它，因為會讓你感覺無比的舒服。而且身體也非常穩定、精神安靜。加入電子還原，就能夠去除頭腦的茫然。有的考生甚至拜電解澡之賜而順利地考取大學。

所以，「電解澡」是創造美肌的最好方法。各位務必嘗試。

發胖是否會造成損失呢？

「腰圍細一點，穿泳衣就能夠展露美好的身體曲線。」

「希望擁有明顯的下顎線。」

「再瘦三公斤的話，就能夠擁有理想的體型。」

世界上的女性都追求苗條的身材，因此，女性雜誌常刊載『減肥專欄』。對女性來說，減肥是一生中的理想。

不過，另一方面，追求美食的還是女性。「不想發胖，卻想要吃美味的食物」、女性往往處於這種矛盾之中。

最近，除了女性之外，男性也追求減肥。「無法控制體重的人無法任管理職」，這也成為一個考核的標準。

在女性社會中就職時，的確有些企業會嚴格限制體重，例如空中小姐更是受到肥胖的限制。

總之，因為肥胖而受損的女性很多。在尙未了解對方的個性之前，往往靠其外觀來判斷一切，這也是無可厚非之事。

此外，肥胖者也不能隨心所欲地追求服飾之樂。

似乎一些時髦的服裝都是為了苗條的女性設計的，因此，胖女性要打扮自己，著實不易。

肥胖不僅有服裝上的限制，同時會對健康造成不利。例如，心臟病、高血壓、糖尿病等成人病，以肥胖的人較易罹患。

致命的減肥

不僅是女性，男性實行減肥的例子也增加了，這就證明大家對自己的健康都深表關心。也許因此之故，一些減肥食品也大發利市。

「利用葳草茶減肥」、「蘋果減肥法」、「蜂蜜減肥法」、「酸乳酪減肥法」等，各種減肥法紛紛問世。現在大家常喝的「烏龍茶」，最初也是以能達到減肥效果而登場的。

減肥，一定要採穩定的作法。例如「快速減肥」、「希望體重多減輕一些」，如果勉強減肥，那後果可是不堪設想。甚至為了減肥而絕食三天致死，這實在是得不償失。

尤其是外宿的單身女性，往往省去早餐，一日只吃兩餐，這是錯誤的作法，因為少吃一餐就會拚命地吸收養分，反而造成肥胖。另外，吃得太快也是發胖的原因，需要注意。總之，要控制油分的攝取，按時用餐，這是重點。

如果不求取均衡的營養，就會精神造成妨礙，甚至出現拒食症。雖然外表苗條，卻罹患了拒食症，或是進食時就會嘔吐。

這是本末倒置的作法，但是有時當事人沒有察覺，或本人知道都身不由己，這就是該疾病的特徵。因此，減肥有致命的危險。

同時也會出現「回胖」的情形。

勉強持續減肥，結果造成反彈而大量地進食，於是再度發胖，這就是所謂的「回胖」。

「回胖」的可怕是，對於意志薄弱、發胖自己感到絕望、焦燥、厭惡一切。所以減肥也隱藏著對於生命絕望、失去生存意義的危險性在內。

不吃也無法減肥的理由

一些女性雖然成功地減肥，但是肌膚與頭髮都變得乾燥，使得減肥成功的喜悅減半。錯誤的減肥不僅損害美肌，也會破壞健康。

人體是由六〇兆細胞所構成的，這些細胞是由食物所製造出來的。在減肥中，如果不認真地攝取蛋白質、維他命、礦物質等，就會造成必須營養素缺乏，使得肌膚乾燥，頭髮掉落。

「肌膚是內臟的鏡子」，上述的症狀就證明身體各器官異常，即使減肥成功，但因內臟受損，體力減退而容易生病，同時也無法得到美肌。

製造內臟、血管、皮膚等的蛋白質，在減肥中是不可或缺的營養素。因此，如果不吃脂肪、魚、肉，造成蛋白質不足，那也是一大錯誤。必須攝取脂肪成分較少的部分。

各位也知道，如果不攝取食物或營養偏差，使得內臟等臟器的功能遲鈍，新陳代謝不良，就會導致「不吃也無法減肥」的結果。

此外，營養素本身具有互助合作的作用，故絕不可「大量攝取維他命而不攝取脂肪成分」。

維他命能夠促進血液循環，具有保護皮膚的重要作用。對美肌而言，是一大要素，是體內無法製造的營養素，必須求取均衡。

電解水具有減肥效果

電解水既不是健康食品，也不是減肥食品。

像前述的烏龍茶、蕺草茶、如果利用電解水來飲用，就能使得電解水充分引出其中的內容，具有極佳的效果。

此外，將艾草粉溶於電解水中飲用，也能夠減肥。

一日至少要喝二・五公升。

只要喝電解水，就能使腸內細菌活性化、淨化體內，並且拒絕零食的誘惑。

很多點心都是油分較多的食品，飲用電解水淨化體質以後，身體就會拒絕接受這些多餘的油分。人體的構造真是妙不可言。

對人體來說，水是不可或缺的物質。與蛋白質、碳水化合物一樣，是維持生存不可缺少的「營養素」。

水的作用是：

①先溶合食物的營養素、運送到體內各個器官中。

②讓老廢物隨同汗、尿排出體外。

當肌膚乾燥、便秘、膀胱炎時，都是因為水不足所致。女性較多罹患的膀胱炎、可藉由水來加以預防與治療。心臟、腎臟不好的人，也要積極地喝水。

Water

人體的七〇%是水所構成的，故一日約有三公升的水進出人體。

一旦水的循環順暢，細胞就能夠經常保持滋潤，肌膚不會乾澡，從內部得到潤澤。因此，一天至少要攝取二・五公升的水。但是如果不下意識地喝水，恐怕就無法攝取到如此大量的水。

此外，同樣都是水分，不過加入砂糖的清涼飲料，若其中的熱量不消耗掉，就會成為中性脂肪蓄積於體內，故最好還是飲用水，因為水不具熱量，即使大量飲用，兩小時內就會隨著尿液排出體外，不會因為積存多餘的水而發胖。

同時，藉著喝水還能夠有效地減肥。

例如，在飯前喝電解水不會產生空腹感，胃液一旦稀釋，就能夠抑制食慾，結果，只要吃少量就能得到滿腹感，能夠輕鬆地減肥。

但是必須注意的是，一旦養成習慣於光靠水塡飽肚子而減少用餐次數的話，就和一天只吃二餐的相撲選手一樣，反而會發胖。這是因為每當身體攝入食物時就會儲存熱量，使體重增加。如果因減肥而降低體力，對生活造成妨礙，那也是值得反省的作法。

最好在用餐時先喝湯等含有較多水氣的食物，最後再吃主食，這樣就不必擔心吃得太多了。

此外，有便秘傾向的女性，喝水能提昇腸的功能，使排便順暢，依自己體質的不同，也可以酌量增減水的溫度，有效地加以調節。因胃腸功能遲鈍造成的便秘，可於早上起床時空腹喝一～二杯冰水給予適度的刺激，就能促進排便。如果是顆粒狀的硬便，則可以喝溫水來加以改善。

此外，白天大量飲水比就寢前喝水來得更好。早晨起來後，因為體內水分不足，因此趕緊喝水，能使新陳代謝順暢地進行。

理想的電解水美容法

單身地生活在都市社會中，往往過著夜不歸營或外食的不規律生活。同時，早上擠公車上班，也會造成焦躁與壓力的堆積。夏天在冷氣中會流汗、或因為室內外的溫差而使自律神經失調。

在上班之前要化妝，到了公司後再一次補妝，中午休息又要化妝，再加上抽煙、喝酒、深液才進食，當然會使肌膚無暇休息。

過著這樣的生活，當然就更與美肌無緣了。

因此，我們來想像一下能夠創造美肌的「理想電子生活」。只要過著這種生活，就能夠創造美肌、美顏。

①首先，在起床時用電解水洗臉。睡眠中的皮脂分泌與出汗極多。殘留在肌膚上時，會造成肌膚問題。要使用適合肌膚的洗面皂去除這些物質。洗面皂在手掌中揉搓起泡，藉此泡沫從皮脂較多的T區域開始清洗。

要好好地沖淨，不使肥皂殘留。尤其髮際處更是如此。當然，也要使用電解水。最後要用電解水淋浴。避免肥皂殘留在身體上。

②吹風整燙時，電解水也能夠奏效。利用離子蒸氣護髮時也要加入電解水。電解水能夠深入毛髮的各處，藉此能夠擁有美麗秀髮。

③用餐時不要只喝一杯咖啡，例如可以吃前一天用電子處理的番茄、電子麵包。如果要喝咖啡的話，當然要用經由電子處理過的咖啡豆來沖泡。熱水也要使用電解水。吃日本料理時，也是相同的情形。

昨天用電解水洗的米，再加入新的電解水煮的飯，今天可以加上用電子儀器煎的雞蛋，再配上用電解水煮的味增湯來吃。

④上班前要化妝。化妝品當然要使用經由電子處理過的化妝品。如此，就能中和不適應身體的成分，變得格外的清爽，化妝水、乳液在使用前要先注入一滴電解水，能發揮極佳的伸展性。

在粉底霜中加入電解水，能夠充分伸展，而且很清爽。此外，使用經由電子處理過的化妝水效果較佳。

⑤在皮包內放入小型噴霧器，肌膚乾燥時，將電解水噴在臉部。工作疲倦或因為開車而疲勞時，可加以利用，感覺神清氣爽。

⑥用餐時避免吃油膩的食物。

⑦日照強烈時，避免曝露在紫外線中。

⑧回家後，慢慢地泡個電解澡。利用電解水卸妝乾淨，並且仔細地洗臉。如何清潔化過妝的眼睛，這是一大問題，使用清潔劑之後，再利用電解水、熱毛巾蒸臉，並依正確的洗臉方式來清洗，最後在洗臉盆中加入電解水清洗數次，如此就能夠徹底地卸

電解水的利用法①<飲食生活>

飲水

蔬菜、水果

飯

魚貝類

煮物、味噌湯、湯類

咖啡、紅茶、日本茶

電解水的利用法②＜日常生活＞

插花

泡澡

盆栽

洗臉

衣物

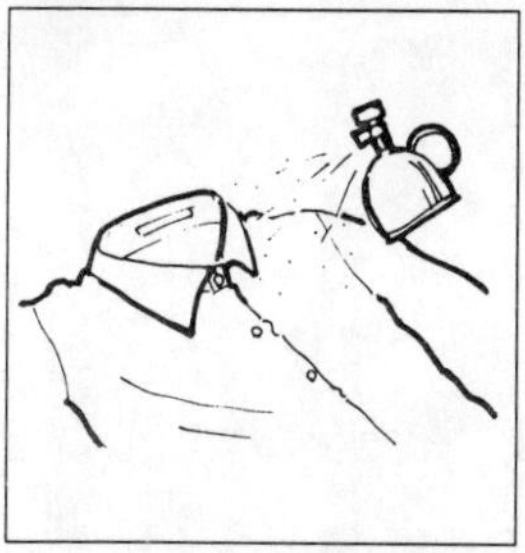

寵物

妝。

⑨邊泡澡邊喝一公升的電解水。喝再多的電解水也不會感覺腹脹。女性可以輕易地喝一公升。

⑩起床以後到泡澡為止的時間，至少要喝二・五公升的電解水。

⑪睡前利用電解水洗淨腸、陰道、如果是健康體，一週洗淨腸二次。體調不艮時，每天早晚進行。在冬天可將電子加入熱水中，調成接近體溫的溫度，就能夠減少刺激，洗淨陰道則是要每天進行，藉此能夠使頭腦清晰，輕易獲得深沈的睡眠，最適用於女性失眠症患者。

⑫即使不泡電解澡，用電解水加入溫水中洗澡也有效。當然可以利用電解水蒸氣。每天早晚將臉貼近蒸氣器附近，接受三十分鐘的電解水噴霧，就能夠創造美顏、美肌。

一些忙碌的女性，請妳們傾聽一些享受過這種電解水蒸氣體驗者的心聲——「太舒服了，會深深地迷上它」，只要嘗試一次，知道它的好處之後，即使再忙碌，也會抽空出來享受這種快樂的時光。

即使早上做不到，在夜晚也務必要利用電解水蒸臉。極具效果。早晚利用電解水洗臉，對於美肌的健康與防止老化而言，是重點所在，必須進行。

⑬為了擁有美肌，有時要敷臉。材料是使用電子蛋（蛋白）一個，薄粒粉二大匙，艾草粉一小匙。

充分調勻之後，敷在洗淨的臉上。十～十五分鐘以後沖洗掉。或在泡澡時敷臉，淋浴後再沖洗掉。如此就能夠得到光滑的美肌。剩餘的分量可以塗抹在全身，或用保鮮膜包好，置於冰箱內保存。

這麼做，就能夠擁有美肌了。

後記

「二十一世紀是女性的時代」——利用電解水得到健美的生活！

最近的女性的確變美了。

體態高雅、化妝技巧高明。

每個人追求美。

但是，本文中也提及，雖然表面的化妝很美，但是真正擁有透明肌膚的美女又有幾人呢？

很多人因為異位性皮膚炎或化妝問題而苦惱。昔日，美肌美人較多。

當然，飲食的情況與生活環境也完全改變了。汽車排放廢氣，食品中充斥著食品添加物，在這種狀況下，當然造成異位性皮膚炎患者增加。生活環境充滿著損害美肌的條件。

本書為各位介紹在這些環境中恢復美肌的方法，即是「電子生活」，其中特別提出活用「電解水」。實際活用此方法的女性，也提出滿意的報告，相信各位已有了某種程度的了解，同時，也介紹洗淨腸、陰道等的活用法。到目前為止，美容或健康法的書籍，並未探討這些活用法或話題。我認為生存在現代社會的女性，一定要將洗淨腸與陰道的方法加以活用，當成生活的一部分。

女性具有崇高的使命，在二十一世紀的時代中，能夠生下子女的只有女性。當然，以生物學的觀點來看，需要男性的協助。不過，「在體內孕育子女」這個重責大任，乃是由女性來承擔的。

為了成就此一大事業，絕不能夠讓體內受到食品添加物、總三鹵甲烷等有害物質的汚染。

本書不僅希望女性得到美肌，同時也希望女性能夠恢復健康、開創快樂、幸福的未來。希望各位能夠實際飲用「電解水」，體驗一下「電解澡」的好處。隨時歡迎您加入我們的行列。

（註）本書中所記述的「家庭用多功能電解水製造裝置」請洽

エレクトロン社

電話：〇五七四—五四—二三六三

アイ・エヌ・シー社

電話：〇五七四—五四—一一二三

大展出版社有限公司　圖書目錄

地址：台北市北投區11204　致遠一路二段12巷1號
電話：(02) 8236031　8236033
郵撥： 0166955～1
傳真：(02) 8272069

・法律專欄連載・電腦編號58

台大法學院　法律學系／策劃　法律服務社／編著

①別讓您的權利睡著了①　200元
②別讓您的權利睡著了②　200元

・秘傳占卜系列・電腦編號14

①手相術　淺野八郎著　150元
②人相術　淺野八郎著　150元
③西洋占星術　淺野八郎著　150元
④中國神奇占卜　淺野八郎著　150元
⑤夢判斷　淺野八郎著　150元
⑥前世、來世占卜　淺野八郎著　150元
⑦法國式血型學　淺野八郎著　150元
⑧靈感、符咒學　淺野八郎著　150元
⑨紙牌占卜學　淺野八郎著　150元
⑩ＥＳＰ超能力占卜　淺野八郎著　150元
⑪猶太數的秘術　淺野八郎著　150元
⑫新心理測驗　淺野八郎著　160元

・趣味心理講座・電腦編號15

①性格測驗１　探索男與女　淺野八郎著　140元
②性格測驗２　透視人心奧秘　淺野八郎著　140元
③性格測驗３　發現陌生的自己　淺野八郎著　140元
④性格測驗４　發現你的真面目　淺野八郎著　140元
⑤性格測驗５　讓你們吃驚　淺野八郎著　140元
⑥性格測驗６　洞穿心理盲點　淺野八郎著　140元
⑦性格測驗７　探索對方心理　淺野八郎著　140元
⑧性格測驗８　由吃認識自己　淺野八郎著　140元
⑨性格測驗９　戀愛知多少　淺野八郎著　140元

⑩性格測驗10	由裝扮瞭解人心	淺野八郎著	140元
⑪性格測驗11	敲開內心玄機	淺野八郎著	140元
⑫性格測驗12	透視你的未來	淺野八郎著	140元
⑬血型與你的一生		淺野八郎著	160元
⑭趣味推理遊戲		淺野八郎著	160元
⑮行爲語言解析		淺野八郎著	160元

・婦 幼 天 地・電腦編號 16

①八萬人減肥成果	黃靜香譯	180元
②三分鐘減肥體操	楊鴻儒譯	150元
③窈窕淑女美髮秘訣	柯素娥譯	130元
④使妳更迷人	成　玉譯	130元
⑤女性的更年期	官舒妍編譯	160元
⑥胎內育兒法	李玉瓊編譯	150元
⑦早產兒袋鼠式護理	唐岱蘭譯	200元
⑧初次懷孕與生產	婦幼天地編譯組	180元
⑨初次育兒12個月	婦幼天地編譯組	180元
⑩斷乳食與幼兒食	婦幼天地編譯組	180元
⑪培養幼兒能力與性向	婦幼天地編譯組	180元
⑫培養幼兒創造力的玩具與遊戲	婦幼天地編譯組	180元
⑬幼兒的症狀與疾病	婦幼天地編譯組	180元
⑭腿部苗條健美法	婦幼天地編譯組	150元
⑮女性腰痛別忽視	婦幼天地編譯組	150元
⑯舒展身心體操術	李玉瓊編譯	130元
⑰三分鐘臉部體操	趙薇妮著	160元
⑱生動的笑容表情術	趙薇妮著	160元
⑲心曠神怡減肥法	川津祐介著	130元
⑳內衣使妳更美麗	陳玄茹譯	130元
㉑瑜伽美姿美容	黃靜香編著	150元
㉒高雅女性裝扮學	陳珮玲譯	180元
㉓蠶糞肌膚美顏法	坂梨秀子著	160元
㉔認識妳的身體	李玉瓊譯	160元
㉕產後恢復苗條體態	居理安・芙萊喬著	200元
㉖正確護髮美容法	山崎伊久江著	180元
㉗安琪拉美姿養生學	安琪拉蘭斯博瑞著	180元
㉘女體性醫學剖析	增田豐著	220元
㉙懷孕與生產剖析	岡部綾子著	180元
㉚斷奶後的健康育兒	東城百合子著	220元
㉛引出孩子幹勁的責罵藝術	多湖輝著	170元
㉜培養孩子獨立的藝術	多湖輝著	170元

㉝子宮肌瘤與卵巢囊腫	陳秀琳編著	180元
㉞下半身減肥法	納他夏・史達賓著	180元
㉟女性自然美容法	吳雅菁編著	180元

・青 春 天 地・電腦編號 17

①A血型與星座	柯素娥編譯	120元
②B血型與星座	柯素娥編譯	120元
③O血型與星座	柯素娥編譯	120元
④AB血型與星座	柯素娥編譯	120元
⑤青春期性教室	呂貴嵐編譯	130元
⑥事半功倍讀書法	王毅希編譯	150元
⑦難解數學破題	宋釗宜編譯	130元
⑧速算解題技巧	宋釗宜編譯	130元
⑨小論文寫作秘訣	林顯茂編譯	120元
⑪中學生野外遊戲	熊谷康編著	120元
⑫恐怖極短篇	柯素娥編譯	130元
⑬恐怖夜話	小毛驢編譯	130元
⑭恐怖幽默短篇	小毛驢編譯	120元
⑮黑色幽默短篇	小毛驢編譯	120元
⑯靈異怪談	小毛驢編譯	130元
⑰錯覺遊戲	小毛驢編譯	130元
⑱整人遊戲	小毛驢編著	150元
⑲有趣的超常識	柯素娥編譯	130元
⑳哦！原來如此	林慶旺編譯	130元
㉑趣味競賽100種	劉名揚編譯	120元
㉒數學謎題入門	宋釗宜編譯	150元
㉓數學謎題解析	宋釗宜編譯	150元
㉔透視男女心理	林慶旺編譯	120元
㉕少女情懷的自白	李桂蘭編譯	120元
㉖由兄弟姊妹看命運	李玉瓊編譯	130元
㉗趣味的科學魔術	林慶旺編譯	150元
㉘趣味的心理實驗室	李燕玲編譯	150元
㉙愛與性心理測驗	小毛驢編譯	130元
㉚刑案推理解謎	小毛驢編譯	130元
㉛偵探常識推理	小毛驢編譯	130元
㉜偵探常識解謎	小毛驢編譯	130元
㉝偵探推理遊戲	小毛驢編譯	130元
㉞趣味的超魔術	廖玉山編著	150元
㉟趣味的珍奇發明	柯素娥編著	150元
㊱登山用具與技巧	陳瑞菊編著	150元

•健康天地•電腦編號18

①壓力的預防與治療	柯素娥編譯	130元
②超科學氣的魔力	柯素娥編譯	130元
③尿療法治病的神奇	中尾良一著	130元
④鐵證如山的尿療法奇蹟	廖玉山譯	120元
⑤一日斷食健康法	葉慈容編譯	150元
⑥胃部強健法	陳炳崑譯	120元
⑦癌症早期檢查法	廖松濤譯	160元
⑧老人痴呆症防止法	柯素娥編譯	130元
⑨松葉汁健康飲料	陳麗芬編譯	130元
⑩揉肚臍健康法	永井秋夫著	150元
⑪過勞死、猝死的預防	卓秀貞編譯	130元
⑫高血壓治療與飲食	藤山順豐著	150元
⑬老人看護指南	柯素娥編譯	150元
⑭美容外科淺談	楊啟宏著	150元
⑮美容外科新境界	楊啟宏著	150元
⑯鹽是天然的醫生	西英司郎著	140元
⑰年輕十歲不是夢	梁瑞麟譯	200元
⑱茶料理治百病	桑野和民著	180元
⑲綠茶治病寶典	桑野和民著	150元
⑳杜仲茶養顏減肥法	西田博著	150元
㉑蜂膠驚人療效	瀨長良三郎著	150元
㉒蜂膠治百病	瀨長良三郎著	180元
㉓醫藥與生活	鄭炳全著	180元
㉔鈣長生寶典	落合敏著	180元
㉕大蒜長生寶典	木下繁太郎著	160元
㉖居家自我健康檢查	石川恭三著	160元
㉗永恒的健康人生	李秀鈴譯	200元
㉘大豆卵磷脂長生寶典	劉雪卿譯	150元
㉙芳香療法	梁艾琳譯	160元
㉚醋長生寶典	柯素娥譯	180元
㉛從星座透視健康	席拉・吉蒂斯著	180元
㉜愉悅自在保健學	野本二士夫著	160元
㉝裸睡健康法	丸山淳士等著	160元
㉞糖尿病預防與治療	藤田順豐著	180元
㉟維他命長生寶典	菅原明子著	180元
㊱維他命C新效果	鐘文訓編	150元
㊲手、腳病理按摩	堤芳郎著	160元
㊳AIDS瞭解與預防	彼得塔歇爾著	180元

㊴甲殼質殼聚糖健康法	沈永嘉譯	160元
㊵神經痛預防與治療	木下眞男著	160元
㊶室內身體鍛鍊法	陳炳崑編著	160元
㊷吃出健康藥膳	劉大器編著	180元
㊸自我指壓術	蘇燕謀編著	160元
㊹紅蘿蔔汁斷食療法	李玉瓊編著	150元
㊺洗心術健康秘法	竺翠萍編譯	170元
㊻枇杷葉健康療法	柯素娥編譯	180元
㊼抗衰血癒	楊啟宏著	180元
㊽與癌搏鬥記	逸見政孝著	180元
㊾冬蟲夏草長生寶典	高橋義博著	170元
㊿痔瘡・大腸疾病先端療法	宮島伸宜著	180元
51膠布治癒頑固慢性病	加瀨建造著	180元
52芝麻神奇健康法	小林貞作著	170元
53香煙能防止癡呆？	高田明和著	180元
54穀菜食治癌療法	佐藤成志著	180元

・實用女性學講座・電腦編號 19

①解讀女性內心世界	島田一男著	150元
②塑造成熟的女性	島田一男著	150元
③女性整體裝扮學	黃靜香編著	180元
④女性應對禮儀	黃靜香編著	180元

・校 園 系 列・電腦編號 20

①讀書集中術	多湖輝著	150元
②應考的訣竅	多湖輝著	150元
③輕鬆讀書贏得聯考	多湖輝著	150元
④讀書記憶秘訣	多湖輝著	150元
⑤視力恢復！超速讀術	江錦雲譯	180元
⑥讀書36計	黃柏松編著	180元
⑦驚人的速讀術	鐘文訓編著	170元

・實用心理學講座・電腦編號 21

①拆穿欺騙伎倆	多湖輝著	140元
②創造好構想	多湖輝著	140元
③面對面心理術	多湖輝著	160元
④僞裝心理術	多湖輝著	140元
⑤透視人性弱點	多湖輝著	140元

⑥自我表現術	多湖輝著	150元
⑦不可思議的人性心理	多湖輝著	150元
⑧催眠術入門	多湖輝著	150元
⑨責罵部屬的藝術	多湖輝著	150元
⑩精神力	多湖輝著	150元
⑪厚黑說服術	多湖輝著	150元
⑫集中力	多湖輝著	150元
⑬構想力	多湖輝著	150元
⑭深層心理術	多湖輝著	160元
⑮深層語言術	多湖輝著	160元
⑯深層說服術	多湖輝著	180元
⑰掌握潛在心理	多湖輝著	160元
⑱洞悉心理陷阱	多湖輝著	180元
⑲解讀金錢心理	多湖輝著	180元
⑳拆穿語言圈套	多湖輝著	180元
㉑語言的心理戰	多湖輝著	180元

•超現實心理講座•電腦編號22

①超意識覺醒法	詹蔚芬編譯	130元
②護摩秘法與人生	劉名揚編譯	130元
③秘法！超級仙術入門	陸　明譯	150元
④給地球人的訊息	柯素娥編著	150元
⑤密教的神通力	劉名揚編著	130元
⑥神秘奇妙的世界	平川陽一著	180元
⑦地球文明的超革命	吳秋嬌譯	200元
⑧力量石的秘密	吳秋嬌譯	180元
⑨超能力的靈異世界	馬小莉譯	200元
⑩逃離地球毀滅的命運	吳秋嬌譯	200元
⑪宇宙與地球終結之謎	南山宏著	200元
⑫驚世奇功揭秘	傅起鳳著	200元
⑬啟發身心潛力心象訓練法	栗田昌裕著	180元
⑭仙道術遁甲法	高藤聰一郎著	220元
⑮神通力的秘密	中岡俊哉著	180元

•養 生 保 健•電腦編號23

①醫療養生氣功	黃孝寬著	250元
②中國氣功圖譜	余功保著	230元
③少林醫療氣功精粹	井玉蘭著	250元
④龍形實用氣功	吳大才等著	220元

⑤魚戲增視強身氣功	宮　嬰著	220元
⑥嚴新氣功	前新培金著	250元
⑦道家玄牝氣功	張　章著	200元
⑧仙家秘傳袪病功	李遠國著	160元
⑨少林十大健身功	秦慶豐著	180元
⑩中國自控氣功	張明武著	250元
⑪醫療防癌氣功	黃孝寬著	250元
⑫醫療強身氣功	黃孝寬著	250元
⑬醫療點穴氣功	黃孝寬著	250元
⑭中國八卦如意功	趙維漢著	180元
⑮正宗馬禮堂養氣功	馬禮堂著	420元
⑯秘傳道家筋經內丹功	王慶餘著	280元
⑰三元開慧功	辛桂林著	250元
⑱防癌治癌新氣功	郭　林著	180元
⑲禪定與佛家氣功修煉	劉天君著	200元
⑳顛倒之術	梅自強著	元
㉑簡明氣功辭典	吳家駿編	元

•社會人智囊•電腦編號 24

①糾紛談判術	清水增三著	160元
②創造關鍵術	淺野八郎著	150元
③觀人術	淺野八郎著	180元
④應急詭辯術	廖英迪編著	160元
⑤天才家學習術	木原武一著	160元
⑥猫型狗式鑑人術	淺野八郎著	180元
⑦逆轉運掌握術	淺野八郎著	180元
⑧人際圓融術	澀谷昌三著	160元
⑨解讀人心術	淺野八郎著	180元
⑩與上司水乳交融術	秋元隆司著	180元
⑪男女心態定律	小田晉著	180元
⑫幽默說話術	林振輝編著	200元
⑬人能信賴幾分	淺野八郎著	180元
⑭我一定能成功	李玉瓊譯	元
⑮獻給青年的嘉言	陳蒼杰譯	元
⑯知人、知面、知其心	林振輝編著	元

•精 選 系 列•電腦編號 25

①毛澤東與鄧小平	渡邊利夫等著	280元
②中國大崩裂	江戶介雄著	180元

③台灣・亞洲奇蹟	上村幸治著	220元
④7-ELEVEN高盈收策略	國友隆一著	180元
⑤台灣獨立	森　詠著	200元
⑥迷失中國的末路	江戶雄介著	220元
⑦2000年5月全世界毀滅	紫藤甲子男著	180元

・運 動 遊 戲・電腦編號 26

①雙人運動	李玉瓊譯	160元
②愉快的跳繩運動	廖玉山譯	180元
③運動會項目精選	王佑京譯	150元
④肋木運動	廖玉山譯	150元
⑤測力運動	王佑宗譯	150元

・銀髮族智慧學・電腦編號 28

①銀髮六十樂逍遙	多湖輝著	170元
②人生六十反年輕	多湖輝著	170元
③六十歲的決斷	多湖輝著	170元

・心 靈 雅 集・電腦編號 00

①禪言佛語看人生	松濤弘道著	180元
②禪密教的奧秘	葉逯謙譯	120元
③觀音大法力	田口日勝著	120元
④觀音法力的大功德	田口日勝著	120元
⑤達摩禪106智慧	劉華亭編譯	150元
⑥有趣的佛教研究	葉逯謙編譯	120元
⑦夢的開運法	蕭京凌譯	130元
⑧禪學智慧	柯素娥編譯	130元
⑨女性佛教入門	許俐萍譯	110元
⑩佛像小百科	心靈雅集編譯組	130元
⑪佛教小百科趣談	心靈雅集編譯組	120元
⑫佛教小百科漫談	心靈雅集編譯組	150元
⑬佛教知識小百科	心靈雅集編譯組	150元
⑭佛學名言智慧	松濤弘道著	220元
⑮釋迦名言智慧	松濤弘道著	220元
⑯活人禪	平田精耕著	120元
⑰坐禪入門	柯素娥編譯	150元
⑱現代禪悟	柯素娥編譯	130元
⑲道元禪師語錄	心靈雅集編譯組	130元

⑳佛學經典指南	心靈雅集編譯組	130元
㉑何謂「生」 阿含經	心靈雅集編譯組	150元
㉒一切皆空 般若心經	心靈雅集編譯組	150元
㉓超越迷惘 法句經	心靈雅集編譯組	130元
㉔開拓宇宙觀 華嚴經	心靈雅集編譯組	130元
㉕真實之道 法華經	心靈雅集編譯組	130元
㉖自由自在 涅槃經	心靈雅集編譯組	130元
㉗沈默的教示 維摩經	心靈雅集編譯組	150元
㉘開通心眼 佛語佛戒	心靈雅集編譯組	130元
㉙揭秘寶庫 密教經典	心靈雅集編譯組	130元
㉚坐禪與養生	廖松濤譯	110元
㉛釋尊十戒	柯素娥編譯	120元
㉜佛法與神通	劉欣如編著	120元
㉝悟（正法眼藏的世界）	柯素娥編譯	120元
㉞只管打坐	劉欣如編著	120元
㉟喬答摩・佛陀傳	劉欣如編著	120元
㊱唐玄奘留學記	劉欣如編著	120元
㊲佛教的人生觀	劉欣如編譯	110元
㊳無門關（上卷）	心靈雅集編譯組	150元
㊴無門關（下卷）	心靈雅集編譯組	150元
㊵業的思想	劉欣如編著	130元
㊶佛法難學嗎	劉欣如著	140元
㊷佛法實用嗎	劉欣如著	140元
㊸佛法殊勝嗎	劉欣如著	140元
㊹因果報應法則	李常傳編	140元
㊺佛教醫學的奧秘	劉欣如編著	150元
㊻紅塵絕唱	海　若著	130元
㊼佛教生活風情	洪丕謨、姜玉珍著	220元
㊽行住坐臥有佛法	劉欣如著	160元
㊾起心動念是佛法	劉欣如著	160元
㊿四字禪語	曹洞宗青年會	200元
51妙法蓮華經	劉欣如編著	160元
52根本佛教與大乘佛教	葉作森編	180元

・經 營 管 理・電腦編號 01

◎創新經營六十六大計（精）	蔡弘文編	780元
①如何獲取生意情報	蘇燕謀譯	110元
②經濟常識問答	蘇燕謀譯	130元
④台灣商戰風雲錄	陳中雄著	120元
⑤推銷大王秘錄	原一平著	180元

⑥新創意・賺大錢	王家成譯	90元
⑦工廠管理新手法	琪　輝著	120元
⑨經營參謀	柯順隆譯	120元
⑩美國實業24小時	柯順隆譯	80元
⑪撼動人心的推銷法	原一平著	150元
⑫高竿經營法	蔡弘文編	120元
⑬如何掌握顧客	柯順隆譯	150元
⑭一等一賺錢策略	蔡弘文編	120元
⑯成功經營妙方	鐘文訓著	120元
⑰一流的管理	蔡弘文編	150元
⑱外國人看中韓經濟	劉華亭譯	150元
⑳突破商場人際學	林振輝編著	90元
㉑無中生有術	琪輝編著	140元
㉒如何使女人打開錢包	林振輝編著	100元
㉓操縱上司術	邑井操著	90元
㉔小公司經營策略	王嘉誠著	160元
㉕成功的會議技巧	鐘文訓編譯	100元
㉖新時代老闆學	黃柏松編著	100元
㉗如何創造商場智囊團	林振輝編譯	150元
㉘十分鐘推銷術	林振輝編譯	180元
㉙五分鐘育才	黃柏松編譯	100元
㉚成功商場戰術	陸明編譯	100元
㉛商場談話技巧	劉華亭編譯	120元
㉜企業帝王學	鐘文訓譯	90元
㉝自我經濟學	廖松濤編譯	100元
㉞一流的經營	陶田生編著	120元
㉟女性職員管理術	王昭國編譯	120元
㊱ＩＢＭ的人事管理	鐘文訓編譯	150元
㊲現代電腦常識	王昭國編譯	150元
㊳電腦管理的危機	鐘文訓編譯	120元
㊴如何發揮廣告效果	王昭國編譯	150元
㊵最新管理技巧	王昭國編譯	150元
㊶一流推銷術	廖松濤編譯	150元
㊷包裝與促銷技巧	王昭國編譯	130元
㊸企業王國指揮塔	松下幸之助著	120元
㊹企業精銳兵團	松下幸之助著	120元
㊺企業人事管理	松下幸之助著	100元
㊻華僑經商致富術	廖松濤編譯	130元
㊼豐田式銷售技巧	廖松濤編譯	180元
㊽如何掌握銷售技巧	王昭國編著	130元
㊿洞燭機先的經營	鐘文訓編譯	150元

㊾新世紀的服務業	鐘文訓編譯	100元
㊿成功的領導者	廖松濤編譯	120元
54女推銷員成功術	李玉瓊編譯	130元
55ＩＢＭ人才培育術	鐘文訓編譯	100元
56企業人自我突破法	黃琪輝編著	150元
58財富開發術	蔡弘文編著	130元
59成功的店舖設計	鐘文訓編著	150元
61企管回春法	蔡弘文編著	130元
62小企業經營指南	鐘文訓編譯	100元
63商場致勝名言	鐘文訓編譯	150元
64迎接商業新時代	廖松濤編譯	100元
66新手股票投資入門	何朝乾　編	180元
67上揚股與下跌股	何朝乾編譯	180元
68股票速成學	何朝乾編譯	200元
69理財與股票投資策略	黃俊豪編著	180元
70黃金投資策略	黃俊豪編著	180元
71厚黑管理學	廖松濤編譯	180元
72股市致勝格言	呂梅莎編譯	180元
73透視西武集團	林谷燁編譯	150元
76巡迴行銷術	陳蒼杰譯	150元
77推銷的魔術	王嘉誠譯	120元
7860秒指導部屬	周蓮芬編譯	150元
79精銳女推銷員特訓	李玉瓊編譯	130元
80企劃、提案、報告圖表的技巧	鄭　汶　譯	180元
81海外不動產投資	許達守編譯	150元
82八百件的世界策略	李玉瓊譯	150元
83服務業品質管理	吳宜芬譯	180元
84零庫存銷售	黃東謙編譯	150元
85三分鐘推銷管理	劉名揚編譯	150元
86推銷大王奮鬥史	原一平著	150元
87豐田汽車的生產管理	林谷燁編譯	150元

·成功寶庫· 電腦編號02

①上班族交際術	江森滋著	100元
②拍馬屁訣竅	廖玉山編譯	110元
④聽話的藝術	歐陽輝編譯	110元
⑨求職轉業成功術	陳　義編著	110元
⑩上班族禮儀	廖玉山編著	120元
⑪接近心理學	李玉瓊編著	100元
⑫創造自信的新人生	廖松濤編著	120元

⑭上班族如何出人頭地	廖松濤編著	100元
⑮神奇瞬間瞑想法	廖松濤編譯	100元
⑯人生成功之鑰	楊意苓編著	150元
⑲給企業人的諍言	鐘文訓編著	120元
⑳企業家自律訓練法	陳　義編譯	100元
㉑上班族妖怪學	廖松濤編著	100元
㉒猶太人縱橫世界的奇蹟	孟佑政編著	110元
㉓訪問推銷術	黃静香編著	130元
㉕你是上班族中強者	嚴思圖編著	100元
㉖向失敗挑戰	黃静香編著	100元
㉙機智應對術	李玉瓊編著	130元
㉚成功頓悟100則	蕭京凌編譯	130元
㉛掌握好運100則	蕭京凌編譯	110元
㉜知性幽默	李玉瓊編譯	130元
㉝熟記對方絕招	黃静香編譯	100元
㉞男性成功秘訣	陳蒼杰編譯	130元
㊱業務員成功秘方	李玉瓊編著	120元
㊲察言觀色的技巧	劉華亭編著	130元
㊳一流領導力	施義彥編譯	120元
㊴一流說服力	李玉瓊編著	130元
㊵30秒鐘推銷術	廖松濤編譯	150元
㊶猶太成功商法	周蓮芬編譯	120元
㊷尖端時代行銷策略	陳蒼杰編著	100元
㊸顧客管理學	廖松濤編著	100元
㊹如何使對方說Yes	程　羲編著	150元
㊺如何提高工作效率	劉華亭編著	150元
㊼上班族口才學	楊鴻儒譯	120元
㊽上班族新鮮人須知	程　羲編著	120元
㊾如何左右逢源	程　羲編著	130元
㊿語言的心理戰	多湖輝著	130元
51扣人心弦演說術	劉名揚編著	120元
53如何增進記憶力、集中力	廖松濤譯	130元
55性惡企業管理學	陳蒼杰譯	130元
56自我啟發200招	楊鴻儒編著	150元
57做個傑出女職員	劉名揚編著	130元
58靈活的集團營運術	楊鴻儒編著	120元
60個案研究活用法	楊鴻儒編著	130元
61企業教育訓練遊戲	楊鴻儒編著	120元
62管理者的智慧	程　義編譯	130元
63做個佼佼管理者	馬筱莉編譯	130元
64智慧型說話技巧	沈永嘉編譯	130元

⑯活用佛學於經營	松濤弘道著	150元
⑰活用禪學於企業	柯素娥編譯	130元
⑱詭辯的智慧	沈永嘉編譯	150元
⑲幽默詭辯術	廖玉山編譯	150元
⑳拿破崙智慧箴言	柯素娥編譯	130元
㉑自我培育・超越	蕭京凌編譯	150元
㉔時間即一切	沈永嘉編譯	130元
㉕自我脫胎換骨	柯素娥譯	150元
㉖贏在起跑點—人才培育鐵則	楊鴻儒編譯	150元
㉗做一枚活棋	李玉瓊編譯	130元
㉘面試成功戰略	柯素娥編譯	130元
㉙自我介紹與社交禮儀	柯素娥編譯	150元
㉚說NO的技巧	廖玉山編譯	130元
㉛瞬間攻破心防法	廖玉山編譯	120元
㉜改變一生的名言	李玉瓊編譯	130元
㉝性格性向創前程	楊鴻儒編譯	130元
㉞訪問行銷新竅門	廖玉山編譯	150元
㉟無所不達的推銷話術	李玉瓊編譯	150元

・處 世 智 慧・電腦編號 03

①如何改變你自己	陸明編譯	120元
④幽默說話術	林振輝編譯	120元
⑤讀書36計	黃柏松編譯	120元
⑥靈感成功術	譚繼山編譯	80元
⑧扭轉一生的五分鐘	黃柏松編譯	100元
⑨知人、知面、知其心	林振輝譯	110元
⑩現代人的詭計	林振輝譯	100元
⑫如何利用你的時間	蘇遠謀譯	80元
⑬口才必勝術	黃柏松編譯	120元
⑭女性的智慧	譚繼山編譯	90元
⑮如何突破孤獨	張文志編譯	80元
⑯人生的體驗	陸明編譯	80元
⑰微笑社交術	張芳明譯	90元
⑱幽默吹牛術	金子登著	90元
⑲攻心說服術	多湖輝著	100元
⑳當機立斷	陸明編譯	70元
㉑勝利者的戰略	宋恩臨編譯	80元
㉒如何交朋友	安紀芳編著	70元
㉓鬥智奇謀（諸葛孔明兵法）	陳炳崑著	70元
㉔慧心良言	亦　奇著	80元

㉕名家慧語	蔡逸鴻主編	90元
㉗稱霸者啟示金言	黃柏松編譯	90元
㉘如何發揮你的潛能	陸明編譯	90元
㉙女人身態語言學	李常傳譯	130元
㉚摸透女人心	張文志譯	90元
㉛現代戀愛秘訣	王家成譯	70元
㉜給女人的悄悄話	妮倩編譯	90元
㉞如何開拓快樂人生	陸明編譯	90元
㉟驚人時間活用法	鐘文訓譯	80元
㊱成功的捷徑	鐘文訓譯	70元
㊲幽默逗笑術	林振輝著	120元
㊳活用血型讀書法	陳炳崑譯	80元
㊴心　燈	葉于模著	100元
㊵當心受騙	林顯茂譯	90元
㊶心・體・命運	蘇燕謀譯	70元
㊷如何使頭腦更敏銳	陸明編譯	70元
㊸宮本武藏五輪書金言錄	宮本武藏著	100元
㊺勇者的智慧	黃柏松編譯	80元
㊼成熟的愛	林振輝譯	120元
㊽現代女性駕馭術	蔡德華著	90元
㊾禁忌遊戲	酒井潔著	90元
㊾摸透男人心	劉華亭編譯	80元
53如何達成願望	謝世輝著	90元
54創造奇蹟的「想念法」	謝世輝著	90元
55創造成功奇蹟	謝世輝著	90元
56男女幽默趣典	劉華亭譯	90元
57幻想與成功	廖松濤譯	80元
58反派角色的啟示	廖松濤編譯	70元
59現代女性須知	劉華亭編著	75元
61機智說話術	劉華亭編譯	100元
62如何突破內向	姜倩怡編譯	110元
64讀心術入門	王家成編譯	100元
65如何解除內心壓力	林美羽編著	110元
66取信於人的技巧	多湖輝著	110元
67如何培養堅強的自我	林美羽編著	90元
68自我能力的開拓	卓一凡編著	110元
70縱橫交涉術	嚴思圖編著	90元
71如何培養妳的魅力	劉文珊編著	90元
72魅力的力量	姜倩怡編著	90元
73金錢心理學	多湖輝著	100元
74語言的圈套	多湖輝著	110元

⑮個性膽怯者的成功術	廖松濤編譯	100元
⑯人性的光輝	文可式編著	90元
⑲培養靈敏頭腦秘訣	廖玉山編著	90元
⑳夜晚心理術	鄭秀美編譯	80元
⑧如何做個成熟的女性	李玉瓊編著	80元
㉒現代女性成功術	劉文珊編著	90元
㉓成功說話技巧	梁惠珠編譯	100元
㉔人生的真諦	鐘文訓編譯	100元
㉕妳是人見人愛的女孩	廖松濤編著	120元
㉗指尖・頭腦體操	蕭京凌編譯	90元
㉘電話應對禮儀	蕭京凌編著	120元
㉙自我表現的威力	廖松濤編譯	100元
㉚名人名語啟示錄	喬家楓編著	100元
㉛男與女的哲思	程鐘梅編譯	110元
㉜靈思慧語	牧　風著	110元
㉝心靈夜語	牧　風著	100元
㉞激盪腦力訓練	廖松濤編譯	100元
㉟三分鐘頭腦活性法	廖玉山編譯	110元
㊱星期一的智慧	廖玉山編譯	100元
㊲溝通說服術	賴文琇編譯	100元
㊳超速讀超記憶法	廖松濤編譯	140元

・健康與美容・電腦編號 04

①B型肝炎預防與治療	曾慧琪譯	130元
③媚酒傳（中國王朝秘酒）	陸明主編	120元
④藥酒與健康果菜汁	成玉主編	150元
⑤中國回春健康術	蔡一藩著	100元
⑥奇蹟的斷食療法	蘇燕謀譯	110元
⑧健美食物法	陳炳崑譯	120元
⑨驚異的漢方療法	唐龍編著	90元
⑩不老強精食	唐龍編著	100元
⑫五分鐘跳繩健身法	蘇明達譯	100元
⑬睡眠健康法	王家成譯	80元
⑭你就是名醫	張芳明譯	90元
⑮如何保護你的眼睛	蘇燕謀譯	70元
⑲釋迦長壽健康法	譚繼山譯	90元
⑳腳部按摩健康法	譚繼山譯	120元
㉑自律健康法	蘇明達譯	90元
㉓身心保健座右銘	張仁福著	160元
㉔腦中風家庭看護與運動治療	林振輝譯	100元

㉕秘傳醫學人相術	成玉主編	120元
㉖導引術入門⑴治療慢性病	成玉主編	110元
㉗導引術入門⑵健康・美容	成玉主編	110元
㉘導引術入門⑶身心健康法	成玉主編	110元
㉙妙用靈藥・蘆薈	李常傳譯	150元
㉚萬病回春百科	吳通華著	150元
㉛初次懷孕的10個月	成玉編譯	130元
㉜中國秘傳氣功治百病	陳炳崑編譯	130元
㉟仙人長生不老學	陸明編譯	100元
㊱釋迦秘傳米粒刺激法	鐘文訓譯	120元
㊲痔・治療與預防	陸明編譯	130元
㊳自我防身絕技	陳炳崑編譯	120元
㊴運動不足時疲勞消除法	廖松濤譯	110元
㊵三溫暖健康法	鐘文訓編譯	90元
㊸維他命與健康	鐘文訓譯	150元
㊺森林浴—綠的健康法	劉華亭編譯	80元
㊼導引術入門⑷酒浴健康法	成玉主編	90元
㊽導引術入門⑸不老回春法	成玉主編	90元
㊾山白竹（劍竹）健康法	鐘文訓譯	90元
㊿解救你的心臟	鐘文訓編譯	100元
51牙齒保健法	廖玉山譯	90元
52超人氣功法	陸明編譯	110元
54借力的奇蹟⑴	力拔山著	100元
55借力的奇蹟⑵	力拔山著	100元
56五分鐘小睡健康法	呂添發撰	120元
57禿髮、白髮預防與治療	陳炳崑撰	120元
59艾草健康法	張汝明編譯	90元
60一分鐘健康診斷	蕭京凌編譯	90元
61念術入門	黃靜香編譯	90元
62念術健康法	黃靜香編譯	90元
63健身回春法	梁惠珠編譯	100元
64姿勢養生法	黃秀娟編譯	90元
65仙人瞑想法	鐘文訓譯	120元
66人蔘的神效	林慶旺譯	100元
67奇穴治百病	吳通華著	120元
68中國傳統健康法	靳海東著	100元
69下半身減肥法	納他夏・史達賓著	110元
70使妳的肌膚更亮麗	楊　皓編譯	100元
71酵素健康法	楊　皓編譯	120元
73腰痛預防與治療	五味雅吉著	100元
74如何預防心臟病・腦中風	譚定長等著	100元

⑮少女的生理秘密	蕭京凌譯	120元
⑯頭部按摩與針灸	楊鴻儒譯	100元
⑰雙極療術入門	林聖道著	100元
⑱氣功自療法	梁景蓮著	120元
⑲大蒜健康法	李玉瓊編譯	100元
㉛健胸美容秘訣	黃靜香譯	120元
㉜鍺奇蹟療效	林宏儒譯	120元
㉝三分鐘健身運動	廖玉山譯	120元
㉞尿療法的奇蹟	廖玉山譯	120元
㉟神奇的聚積療法	廖玉山譯	120元
㊱預防運動傷害伸展體操	楊鴻儒編譯	120元
㊳五日就能改變你	柯素娥譯	110元
㊴三分鐘氣功健康法	陳美華譯	120元
㊵痛風劇痛消除法	余昇凌譯	120元
㊶道家氣功術	早島正雄著	130元
㊷氣功減肥術	早島正雄著	120元
㊸超能力氣功法	柯素娥譯	130元
㊹氣的瞑想法	早島正雄著	120元

•家庭／生活• 電腦編號05

①單身女郎生活經驗談	廖玉山編著	100元
②血型・人際關係	黃靜編著	120元
③血型・妻子	黃靜編著	110元
④血型・丈夫	廖玉山編譯	130元
⑤血型・升學考試	沈永嘉編譯	120元
⑥血型・臉型・愛情	鐘文訓編譯	120元
⑦現代社交須知	廖松濤編譯	100元
⑧簡易家庭按摩	鐘文訓編譯	150元
⑨圖解家庭看護	廖玉山編譯	120元
⑩生男育女隨心所欲	岡正基編著	160元
⑪家庭急救治療法	鐘文訓編著	100元
⑫新孕婦體操	林曉鐘譯	120元
⑬從食物改變個性	廖玉山編譯	100元
⑭藥草的自然療法	東城百合子著	200元
⑮糙米菜食與健康料理	東城百合子著	180元
⑯現代人的婚姻危機	黃　靜編著	90元
⑰親子遊戲　0歲	林慶旺編譯	100元
⑱親子遊戲　1～2歲	林慶旺編譯	110元
⑲親子遊戲　3歲	林慶旺編譯	100元
⑳女性醫學新知	林曉鐘編譯	130元

㉑媽媽與嬰兒	張汝明編譯	180元
㉒生活智慧百科	黃　靜編譯	100元
㉓手相・健康・你	林曉鐘編譯	120元
㉔菜食與健康	張汝明編譯	110元
㉕家庭素食料理	陳東達著	140元
㉖性能力活用秘法	米開・尼里著	150元
㉗兩性之間	林慶旺編譯	120元
㉘性感經穴健康法	蕭京凌編譯	150元
㉙幼兒推拿健康法	蕭京凌編譯	100元
㉚談中國料理	丁秀山編著	100元
㉛舌技入門	增田豐　著	160元
㉜預防癌症的飲食法	黃靜香編譯	150元
㉝性與健康寶典	黃靜香編譯	180元
㉞正確避孕法	蕭京凌編譯	130元
㉟吃的更漂亮美容食譜	楊萬里著	120元
㊱圖解交際舞速成	鐘文訓編譯	150元
㊲觀相導引術	沈永嘉譯	130元
㊳初為人母12個月	陳義譯	180元
㊴圖解麻將入門	顧安行編譯	160元
㊵麻將必勝秘訣	石利夫編譯	160元
㊶女性一生與漢方	蕭京凌編譯	100元
㊷家電的使用與修護	鐘文訓編譯	160元
㊸錯誤的家庭醫療法	鐘文訓編譯	100元
㊹簡易防身術	陳慧珍編譯	130元
㊺茶健康法	鐘文訓編譯	130元
㊻雞尾酒大全	劉雪卿譯	180元
㊼生活的藝術	沈永嘉編著	120元
㊽雜草雜果健康法	沈永嘉編著	120元
㊾如何選擇理想妻子	荒谷慈著	110元
㊿如何選擇理想丈夫	荒谷慈著	110元
51中國食與性的智慧	根本光人著	150元
52開運法話	陳宏男譯	100元
53禪語經典＜上＞	平田精耕著	150元
54禪語經典＜下＞	平田精耕著	150元
55手掌按摩健康法	鐘文訓譯	180元
56脚底按摩健康法	鐘文訓譯	150元
57仙道運氣健身法	高藤聰一郎著	150元
58健心、健體呼吸法	蕭京凌譯	120元
59自彊術入門	蕭京凌譯	120元
60指技入門	增田豐著	160元
61下半身鍛鍊法	增田豐著	180元

⑥②表象式學舞法	黃靜香編譯	180元
⑥③圖解家庭瑜伽	鐘文訓譯	130元
⑥④食物治療寶典	黃靜香編譯	130元
⑥⑤智障兒保育入門	楊鴻儒譯	130元
⑥⑥自閉兒童指導入門	楊鴻儒譯	180元
⑥⑦乳癌發現與治療	黃靜香譯	130元
⑥⑧盆栽培養與欣賞	廖啟新編譯	180元
⑥⑨世界手語入門	蕭京凌編譯	180元
⑦⓪賽馬必勝法	李錦雀編譯	200元
⑦①中藥健康粥	蕭京凌編譯	120元
⑦②健康食品指南	劉文珊編譯	130元
⑦③健康長壽飲食法	鐘文訓編譯	150元
⑦④夜生活規則	增田豐著	160元
⑦⑤自製家庭食品	鐘文訓編譯	200元
⑦⑥仙道帝王招財術	廖玉山譯	130元
⑦⑦「氣」的蓄財術	劉名揚譯	130元
⑦⑧佛教健康法入門	劉名揚譯	130元
⑦⑨男女健康醫學	郭汝蘭譯	150元
⑧⓪成功的果樹培育法	張煌編譯	130元
⑧①實用家庭菜園	孔翔儀編譯	130元
⑧②氣與中國飲食法	柯素娥編譯	130元
⑧③世界生活趣譚	林其英著	160元
⑧④胎教二八〇天	鄭淑美譯	180元
⑧⑤酒自己動手釀	柯素娥編著	160元
⑧⑥自己動「手」健康法	手嶋曻著	160元
⑧⑦香味活用法	森田洋子著	160元
⑧⑧寰宇趣聞搜奇	林其英著	200元

・命理與預言・電腦編號 06

①星座算命術	張文志譯	120元
②中國式面相學入門	蕭京凌編著	180元
③圖解命運學	陸明編著	200元
④中國秘傳面相術	陳炳崑編著	110元
⑤輪迴法則（生命轉生的秘密）	五島勉著	80元
⑥命名彙典	水雲居士編著	180元
⑦簡明紫微斗術命運學	唐龍編著	130元
⑧住宅風水吉凶判斷法	琪輝編譯	180元
⑨鬼谷算命秘術	鬼谷子著	150元
⑩密教開運咒法	中岡俊哉著	250元
⑪女性星魂術	岩滿羅門著	200元

國家圖書館出版品預行編目資料

水美肌健康法／井戶勝富著，曾雪玫譯
——初版——臺北市；大展，民85
面　公分——（健康天地；61）
譯自：美肌の秘密は水にあった
ISBN 957-557-651-9（平裝）

1. 皮膚—保養

424.3　　85011703

水美肌健康法

ISBN 957-557-651-9

原著者／井戶勝富
編譯者／曾雪玫
發行人／蔡森明
出版者／大展出版社有限公司
社址／台北市北投區（石牌）
致遠一路二段12巷1號
電話／(02) 8236031・8236033
傳眞／(02) 8272069
郵政劃撥／0166955－1
登記證／局版臺業字第2171號
承印者／高星企業有限公司
裝訂／日新裝訂所
排版者／千賓電腦打字有限公司
電話／（02）8812643
初版／1996年（民85年）12月
定價／170元

大展好書
好書大展